U0157153

1949-2019

新中国气象事业70周年

风雨兼程七十载
清新八闽气象兴

新中国气象事业70周年·福建卷

福建省气象局

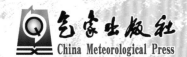

气象出版社
China Meteorological Press

图书在版编目（CIP）数据

新中国气象事业70周年. 福建卷 / 福建省气象局编
著. -- 北京 : 气象出版社, 2020.7
 ISBN 978-7-5029-7143-4

 Ⅰ.①新… Ⅱ.①福… Ⅲ.①气象－工作－福建
Ⅳ.①P468.2-64

 中国版本图书馆CIP数据核字(2020)第074649号

新中国气象事业70周年·福建卷
Xinzhongguo Qixiang Shiye Qishi Zhounian · Fujian Juan

福建省气象局　　编著

出版发行：气象出版社

地　　址：北京市海淀区中关村南大街46号　　　邮政编码：100081

电　　话：010–68407112（总编室）　　　010–68408042（发行部）

网　　址：http://www.qxcbs.com　　　E－mail：qxcbs@cma.gov.cn

策划编辑：周　露

责任编辑：林雨晨　　　　　　　　终　　审：吴晓鹏

责任校对：张硕杰　　　　　　　　责任编辑：赵相宁

装帧设计：新光洋（北京）文化传播有限公司

印　　刷：北京地大彩印有限公司

开　　本：889 mm×1194 mm 1/16　　　印　　张：13.5

字　　数：346 千字

版　　次：2020 年 7 月第1版　　　印　　次：2020 年 7 月第 1 次印刷

定　　价：268.00 元

本书如存在文字不清、漏印以及缺页、倒页、脱页等，请与本社发行部联系调换

《新中国气象事业 70 周年·福建卷》编委会

特别感谢高时彦、肖锋、许金镜三位老同志为画册提出了宝贵意见，感谢全省气象职工对画册编写的支持，感谢洪杨、林文强、李华琨、潘建鹏、吴庆锋、游何斌、曾晓华等提供的优质图片。

总 序

　　1949 年 12 月 8 日是载入史册的重要日子。这一天，经中央批准，中央军委气象局正式成立，开启了新中国气象事业的伟大征程。

　　气象事业始终根植于党和国家发展大局，与国家发展同行共进、同频共振。伴随着国家发展的进程，气象事业从小到大、从弱到强、从落后到先进，走出了一条中国特色社会主义气象发展道路。新中国成立后，我们秉持人民利益至上这一根本宗旨，统筹做好国防和经济建设气象服务。在国家改革开放的大潮中，我们全面加速气象现代化建设，在促进国家经济社会发展和保障改善民生中实现气象事业的跨越式发展。党的十八大以来，我们坚持以习近平新时代中国特色社会主义思想为指导，坚持在贯彻落实党中央决策部署和服务保障国家重大战略中发展气象事业，开启了现代化气象强国建设的新征程。70 年气象事业的生动实践深刻诠释了国运昌则事业兴、事业兴则国家强。

　　气象事业始终在党中央、国务院的坚强领导和亲切关怀下，与伟大梦想同心同向、逐梦同行。党和国家始终把气象事业作为基础性公益性社会事业，纳入经济社会发展全局统筹部署、同步推进。毛泽东主席关于气象部门要把天气常常告诉老百姓的指示，成为气象工作贯穿始终的根本宗旨。邓小平同志强调气象工作对工农业生产很重要，江泽民同志指出气象现代化是国家现代化的重要标志，胡锦涛同志要求提高气象预测预报、防灾减灾、应对气候变化和开发利用气候资源能力，都为气象事业发展指明了方向，鼓舞着我们奋勇前行。习近平总书记特别指出，气象工作关系生命安全、生产发展、生活富裕、生态良好，要求气象工作者推动气象事业高质量发展，提高气象服务保障能力，为我们以更高的政治站位、更宽的国际视野、更强的使命担当实现更大发展，提供了根本遵循。

　　在党中央、国务院的坚强领导下，一代代气象人接续奋斗、奋力拼搏，气象事业发生了根本性变化，取得了举世瞩目的成就。

　　70 年来，我们紧紧围绕国家发展和人民需求，坚持趋利避害并举，建成了世界上保障领域最广、机制最健全、效益最突出的气象服务体系。

　　面向防灾减灾救灾，我们努力做到了重大灾害性天气不漏报，成功应对了超强台风、特大洪水、低温雨雪冰冻、严重干旱等重大气象灾害，为各级党委政府防灾减灾部署和人民群众避灾赢得了先机。我们建成了多部门共享共用的国家突发事件预警信息发布系统，努力做到重点灾害预警不留盲区，预警信息可在 10 分钟内覆盖 86% 的老百姓，有效解决了"最后一公里"问题，充分发挥了气象防灾减灾第一道防线作用。

面向生态文明建设，我们构建了覆盖多领域的生态文明气象保障服务体系，打造了人工影响天气、气候资源开发利用、气候可行性论证、气候标志认证、卫星遥感应用、大气污染防治保障等服务品牌，开展了三江源、祁连山等重点生态功能区空中云水资源开发利用，完成了国家和区域气候变化评估，组织了四次全国风能资源普查，探索建设了国家气象公园，建立了世界上规模最大的现代化人工影响天气作业体系，人工增雨（雪）覆盖 500 万平方公里，防雹保护达 50 多万平方公里，有力推动了生态修复、环境改善，气象已经成为美丽中国的参与者、守护者、贡献者。

面向经济社会发展，我们主动服务和融入乡村振兴、"一带一路"、军民融合、区域协调发展等国家重大战略，主动服务和融入现代化经济体系建设，大力加强了农业、海洋、交通、自然资源、旅游、能源、健康、金融、保险等领域气象服务，成功保障了新中国成立 70 周年、北京奥运会等重大活动和南水北调、载人航天等重大工程，积极引导了社会资本和社会力量参与气象服务，服务领域已经拓展到上百个行业、覆盖到亿万用户，投入产出比达到 1：50，气象服务的经济社会效益显著提升。

面向人民美好生活，我们围绕人民群众衣食住行健康等多元化服务需求，创新气象服务业态和模式，大力发展智慧气象服务，打造"中国天气"服务品牌，气象服务的及时性、准确性大幅提高。气象影视服务覆盖人群超过 10 亿，"两微一端"气象新媒体服务覆盖人群超 6.9 亿，中国天气网日浏览量突破 1 亿人次，全国气象科普教育基地超过 350 家，气象服务公众覆盖率突破 90%，公众满意度保持在 85 分以上，人民群众对气象服务的获得感显著增强。

70 年来，我们始终坚持气象现代化建设不动摇，建成了世界上规模最大、覆盖最全的综合气象观测系统和先进的气象信息系统，建成了无缝隙智能化的气象预报预测系统。

综合气象观测系统达到世界先进水平。气象观测系统从以地面人工观测为主发展到"天—地—空"一体化自动化综合观测。现有地面气象观测站 7 万多个，全国乡镇覆盖率达到 99.6%，数据传输时效从 1 小时提升到 1 分钟。建成了 216 部雷达组成的新一代天气雷达网，数据传输时效从 8 分钟提升到 50 秒。成功发射了 17 颗风云系列气象卫星，7 颗在轨运行，为全球 100 多个国家和地区、国内 2500 多个用户提供服务，风云二号 H 星成为气象服务"一带一路"的主力卫星。建立了生态、环境、农业、海洋、交通、旅游等专业气象监测网，形成了全球最大的综合气象观测网。

气象信息化水平显著增强。物联网、大数据、人工智能等新技术得到深入应用，形成了"云 + 端"的气象信息技术新架构。建成了高速气象网络、海量气象数据库和国产超级计算机系统，每日新增的气象数据量是新中国成立初期的 100 多万倍。新建设的"天镜"系统实现了全业务、全流程、全要素的综合监控。气象数据率先向国内外全面开放共享,中国气象数据网累计用户突破30万,海外注册用户遍布70多个国家,累计访问量超过5.1亿人次。

气象预报业务能力大幅提升。从手工绘制天气图发展到自主创新数值天气预报,从站点预报发展到精细化智能网格预报,从传统单一天气预报发展到面向多领域的影响预报和风险预警,气象预报预测的准确率、提前量、精细化和智能化水平显著提高。全国暴雨预警准确率达到88%,强对流预警时间提前至 38 分钟,可提前 3 ~ 4 天对台风路径做出较为准确的预报,达到世界先进水平。2017 年中国气象局成为世界气象中心,标志着我国气象现代化整体水平迈入世界先进行列!

70 年来,我们紧跟国家科技发展步伐和世界气象科技发展趋势,大力加强气象科技创新和人才队伍建设,我国气象科技创新由以跟踪为主转向跟跑并跑并存的新阶段。

建立了较为完善的国家气象科技创新体系。我们不断优化气象科技创新功能布局,形成了气象部门科研机构、各级业务单位和国家科研院所、高等院校、军队等跨行业科研力量构成的气象科技创新体系。强化气象科技与业务服务深度融合,大力发展研究型业务。加快核心关键技术攻关,雷达、卫星、数值预报等技术取得重大突破,有力支撑了气象现代化发展。坚持气象科技创新和体制机制创新"双轮驱动",形成了更具活力的气象科技管理制度和创新环境。气象科技成果获国家自然科学奖26项,获国家科技进步奖67项。

科技人才队伍建设取得丰硕成果。我们大力实施人才优先战略,加强科技创新团队建设。全国气象领域两院院士35人,气象部门入选"千人计划""万人计划"等国家人才工程 25 人。气象科学家叶笃正、秦大河、曾庆存先后获得国际气象领域最高奖,叶笃正获国家最高科学技术奖。一系列科技创新成果和一大批科技人才有力支撑了气象现代化建设。

70 年来,我们坚持并完善气象体制机制、不断深化改革开放和管理创新,气象事业从封闭走向开放、从传统走向现代、从部门走向社会、从国内走向全球。

领导管理体制不断巩固完善。坚持并不断完善双重领导、以部门为主的领导管理体制和双重计划财务体制,遵循了气象科学发展的内在规律,实现了气象现代化全国统一规划、统一布局、统一建设、统一管理,形成了中央和地方共同推进气象事业发展、共同建设气象现代化的格局,满足了国家和地方经济社会发展对气象服务的多样化需求。

各项改革不断深化。坚持发展与改革有机结合,协同推进"放管服"改革和气象行政审批制度改革,全面完成国务院防雷减灾体制改革任务,深入推进气象服务体制、业务科技体制、管理体制等改革，初步建立了与国家治理体系和治理能力现代化相适应的业务管理体系和制度体系，为气象事业高质量发展注入强大动力。

开放合作力度不断加大。与近百家单位开展务实合作，形成了省部合作、部门合作、局校合作、局企合作的全方位、宽领域、深层次国内开放合作格局。先后与 160 多个国家和地区开展了气象科技合作交流，深度参与"一带一路"建设，为广大发展中国家提供气象科技援助，100 多位中国专家在世界气象组织、政府间气候变化专门委员会等国际组织中任职，气象全球影响力和话语权显著提升，我国已成为世界气象事业的深度参与者、积极贡献者，为全球应对气候变化和自然灾害防御不断贡献中国智慧和中国方案。

气象法治体系不断健全。建立了《气象法》为龙头，行政法规、部门规章、地方法规组成的气象法律法规制度体系，形成了由国家、地方、行业和团体等各类标准组成的气象标准体系，气象事业进入法治化发展轨道。

70 年来，我们始终坚持党对气象事业的全面领导，以政治建设为统领，全面加强党的建设，在拼搏奉献中践行初心使命，为气象事业高质量发展提供坚强保证。

70 年来，气象事业发展历程中人才辈出、精神璀璨，有夙夜为公、舍我其谁的开创者和领导者，有精益求精、勇攀高峰的科学家，有奋楫争先、勇挑重担的先进模范，有甘于清苦、默默奉献的广大基层职工。一代代气象人以服务国家、服务人民的深厚情怀，谱写了气象事业跨越式发展的壮丽篇章；一代代气象人推动着气象事业的长河奔腾向前，唱响了砥砺奋进的动人赞歌；一代代气象人凝练出"准确、及时、创新、奉献"的气象精神，激发起干事创业的担当魄力！

70 年的发展实践，我们深刻地认识到，**坚持党的全面领导是气象事业的根本保证。**70 年来，在党的领导下，气象事业紧贴国家、时代和人民的要求，实现健康持续发展。我们坚持以习近平新时代中国特色社会主义思想为指导，增强"四个意识"，坚定"四个自信"，做到"两个维护"，把党的领导贯穿和体现到气象事业改革发展各方面各环节，确保气象改革发展和现代化建设始终沿着正确的方向前行。**坚持以人民为中心的发展思想是气象事业的根本宗旨。**70 年来，我们把满足人民生产生活需求作为根本任务，把保护人民生命财产安全放在首位，把老百姓的安危冷暖记在心上，把为人民服务的宗旨落实到积极推进气象服务供给侧结构性改革等各方面工作，促进气象在公共服务领域不断做出新的贡献。**坚持气象现代化建设不动摇是气象事业的兴业之路。**70 年来，我们坚定不移加强和推进气象现代化建设，以现代化引领和推动气象事业发展。我们按照新时代中国特色社会主义事业的战略安排，谋划推进现代化气象强国建设，确保气象现代化同党和国家的发展要求相适应、同气象事业发展目标相契合。**坚持科技创新驱动和人才优先发展是气象事业的根本动力。**70 年来，我们大力实施科技创新战略，着力建设高素质专业化干部人才队伍，集中攻关制约气象事业发展的核心关键技术难题，促进了气象科技实力和业务水平的不断提升。**坚持深化改革扩大开放是气象事业的活力源泉。**70 年来，我们紧跟国家步伐，全面深化气象改革开放，认识不断深化、力度不断加大、领域不断拓展、成效不断显现，推动气象事业在不断深化改革中披荆斩棘、破浪前行。

铭记历史，继往开来。《新中国气象事业 70 周年》系列画册选录了 70 年来全国各级气象部门最具有历史意义的图片，生动全面地记录了气象事业的发展足迹和突出贡献。通过系列画册，面向社会充分展示了气象事业 70 年来的生动实践、显著成就和宝贵经验；展现了气象事业对中国社会经济发展、人民福祉安康提供的强有力保障、支撑；树立了"气象为民"形象，扩大中国气象的认知度、影响力和公信力；同时积累和典藏气象历史、弘扬气象人精神，能够推动气象文化建设，凝聚共识，汇聚推进气象事业改革发展力量。

在新的长征路上，气象工作责任更加重大、使命更加光荣，我们将以习近平新时代中国特色社会主义思想为指导，不忘初心、牢记使命，发扬优良传统，加快科技创新，做到监测精密、预报精准、服务精细，推动气象事业高质量发展，提高气象服务保障能力，发挥气象防灾减灾第一道防线作用，以永不懈怠的精神状态和一往无前的奋斗姿态，为决胜全面建成小康社会、建设社会主义现代化国家做出新的更大贡献！

中国气象局党组书记、局长：刘雅鸣

2019 年 12 月

前　言

　　在喜迎中华人民共和国成立 70 周年之际，福建省气象局组织出版《新中国气象事业 70 周年 · 福建卷》画册，展示新中国福建气象事业发展成就，典藏气象历史，推动气象文化建设，弘扬气象人精神。画册是展示福建省气象事业发展成就的重要平台，也是八闽气象儿女献给祖国母亲的一份礼物，有助于认识福建气象事业的昨天，建设福建气象事业的今天，规划福建气象事业的明天。

　　画册内容丰富，资料翔实，真实地记载了福建气象事业 70 年来的发展历程，也从侧面反映了新中国气象事业的辉煌成就。峥嵘七十载，福建气象事业与国同梦。画册站在历史发展的角度，系统地呈现了 70 年来在党和政府的亲切关怀下，福建省在现代气象业务、公共服务、科技创新、开放合作、精神文明建设等方面的发展史实。画册的编制有助于凝聚气象事业改革发展共识，推动气象现代化建设，也有利于促进社会各界了解气象工作，拓宽气象部门的横向联系。

　　自中华人民共和国成立后，福建气象事业迅速发展。以党的十一届三中全会为标志，福建气象事业进入了改革开放和气象现代化建设的新时期，呈现出前所未有的崭新局面。从单纯的天气观测预报服务军事需要到多学科、多领域、多手段的全方位气象服务；从寥寥可数的地面观测站到海陆空一体化的综合气象观测网；从单一的天气图预报到全省无缝隙、全覆盖的智能网格预报系统；从莫尔斯手工收发报到卫星通信网络时代；从几十人到近两千人的高素质气象科技队伍，气象事业不断发展壮大，焕发出蓬勃生机。

潮涌东南，八闽风起。在新中国的奋进历程中，福建发生了翻天覆地的变化，福建气象事业也与时代发展同频共振，取得了令人瞩目的巨大成就。在福建省委、省政府和中国气象局的坚强领导下，一代代气象工作者不忘初心、牢记使命、砥砺前行，以为民的情怀、担当的品格、创新的精神，始终自觉走在时代需求的前沿。

展望未来，任重道远。变化的中国，不变的发展脚步。站在新的历史起点上，山风海涛之间，福建气象人将始终坚持以习近平新时代中国特色社会主义思想为指导，以奋斗者的姿态，继续书写让人民满意的气象答卷，做到"监测精密、预报精准、服务精细"，推动气象事业高质量发展，发挥气象防灾减灾第一道防线作用，为新时代新福建建设做出新的更大贡献。

福建省气象局

2019 年 12 月

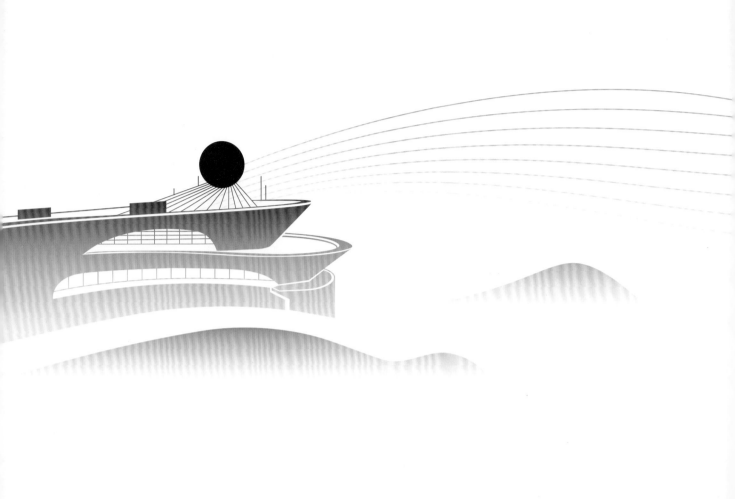

目 录

领导关怀篇

　　新中国福建气象事业的建立和发展，一直得到了党和政府的亲切关怀，得到了中国气象局的大力支持和指导。每个历史时期，各级领导同志都关心、关注福建气象事业发展，对气象工作作出重要指示，提出明确要求，为福建气象事业发展指明了方向。2001 年时任福建省省长习近平曾在检查气象工作时提到"气象部门与国计民生有着密切关系，是一日不可或缺的服务保障部门，同时，气象部门准确、及时的预报，在重大灾害来临之时为决策部门提供了科学、可靠的依据。"领导的关怀激励着全省气象工作者不忘初心，牢记使命，始终坚持以人民为中心，通过优质的气象服务不断增强人民群众的获得感和幸福感。

地方领导关怀

▲ 1990 年 7 月 30 日，福建省委书记陈光毅（二排左五）
　与 9006 号台风服务先进单位的代表合影

1997 年 3 月 28 日，福建省省长陈明义 ▶
（右一）与中国气象局局长温克刚（右二）
共商福建气象事业发展

2001 年 1 月 16 日，福建省政协主席 ▶
游德馨（后排左二）到福建省气象局了
解中尺度灾害性天气预警系统三期工程
建设实施准备情况

◀ 2003 年 8 月 13 日，福建省副省长刘德章（右二）到宁化县寨头岭水库视察指导人工影响天气工作

◀ 2010 年 8 月 17 日，福建省政协副主席李祖可（二排左五）赴九仙山气象站调研

2011 年 4 月 18 日，福建省副省长 ▶
倪岳峰（右二）到省气象台检查指导工作

2011 年 9 月 16 日，福建省副省长 ▶
叶双瑜（左一）来到福建省气象科普活
动现场

2012 年 4 月 27 日，福建省副省长 ▶
陈荣凯（左三）在福建省气象台调研

2015 年 8 月 4 日，福建省副省长黄琪玉 ▶
（右一）在福建省气象局调研指导工作

▲ 2015 年 8 月 7 日，福建省委常委、厦门市委书记王蒙徽（前排左三）到气象部门部署防御"苏迪罗"台风工作

▲ 2018 年 7 月 6 日，福建省副省长李德金（右一）到福建省气象局检查指导汛期气象服务工作

中国气象局领导关怀

◀ 1982 年 8 月 30 日，国家气象局副局长章基嘉（二排右五）视察基层气象站

◀ 1994 年 4 月 4 日，中国气象局局长邹竞蒙（前排左一）检查指导卫星云图处理工作

◀ 1997 年 4 月 10 日，《中国气象报》头版图片报道中国气象局局长温克刚视察福建"二级基地"建设

1. 1999 年 12 月 4 日，中央纪委驻中国
   气象局纪检组组长孙先健（左起第四）
   到省气象局检查指导工作

2. 2002 年 6 月 26 日，中国气象局局长
   秦大河（中）调研基层气象工作

2006 年 1 月 25 日，中国气象局副局长 ▶
刘英金（前排右一）赴基层台站调研

2007 年 8 月 9 日，中国气象局副局长 ▶
许小峰（左六）调研福建气象工作

◀ 2008 年 4 月 7 日，中国气象局局长
郑国光（左一）与福建省委常委、组织
部长于伟国（左二）共商气象事业发展

◀ 2009 年 12 月 17 日，中国气象局副局
长王守荣（左二）到福建调研指导工作

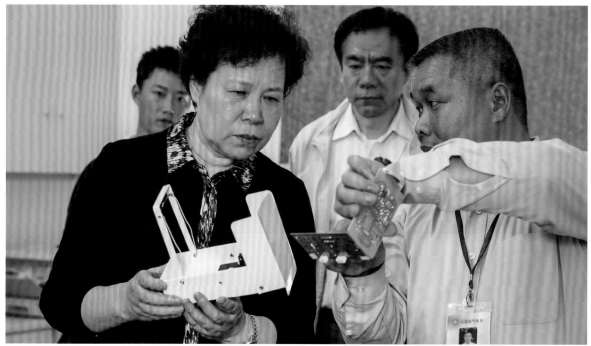

$\dfrac{1}{2}$
 1. 2017 年 3 月 30 日，中国气象局局长刘雅鸣
（右二）到省气象台调研指导

2. 2017 年 3 月 30 日，中国气象局局长刘雅鸣
（左一）到省气象台调研指导高空探测工作

◀ 2016 年 5 月 16 日，中国气象局副局长沈晓农（前排右二）调研厦门雷达站新址建设

◀ 2018 年 4 月 2 日，中国气象局副局长宇如聪（右一）到省气象台检查指导工作

◀ 2018 年 4 月 25 日，中国气象局副局长矫梅燕（前排右一）检查指导三明汛期气象服务工作

◀ 2018 年 6 月 5 日，中国气象局副局长余勇（左二）调研漳州气象为农服务工作

◀ 2019 年 4 月 18 日，中国气象局副局长于新文（前排右二）参观平潭海洋气象预警中心气象现代化成果

历史沿革篇

　　福建省气象局的管理体制、机构，随着不同时期国家工作重心的转移，几经调整、合并，经历了以政府为主到部门与政府双重领导，以气象部门为主的建制；经历了以省政府领导为主到中国气象局与福建省人民政府双重领导，以中国气象局领导为主的管理体制。2001 年 11 月 14 日，中国气象局印发《福建省国家气象系统机构改革方案》，明确福建省国家气象系统各级管理机构在上级气象主管机构和本级人民政府领导下，根据授权承担本行政区域内气象工作的政府行政管理职能，依法履行气象主管机构的各项职责。对本行政区域内的气象活动进行指导、监督和行业管理。

福建省气象局的
建制与管理体制沿革

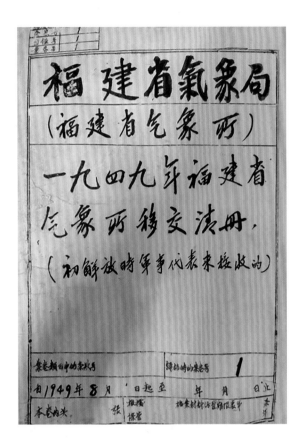

1
―――
2

1. 1949 年 8 月，福建省人民政府实业厅副厅长石林偕
   同中国人民解放军军事管制委员会军代表布一民接管
   福建省气象所。
   福建省气象所设测候课、预报课、总务课和福州气象台。
   管辖沙县、龙溪、浦城、龙岩、长汀、南平、永安、闽清、
   建阳、福鼎、福安、邵武、武夷山、连城、崇安、莆田、
   惠安、东山、厦门共 19 个测候所。

2. 1983 年 4 月 15-19 日，国家气象局体制改革工作组
   来闽进行气象部门体制改革移交工作，实行地方政府
   与国家气象局双重领导，以国家气象局为主的体制。
   4 月 19 日，国家气象局副局长章基嘉、省农委主任
   温秀山分别代表国家气象局、福建省人民政府签署《福
   建省气象局体制交接纪要》。

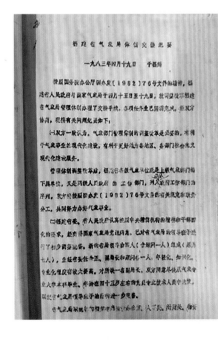

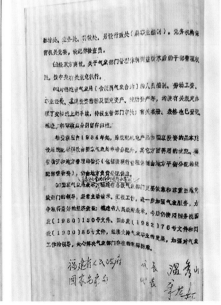

省局机构名称	成立或变更时间	建制领导与管理体制
福建省气象所	1949.8-1950.11	隶属福建省人民政府实业厅
福建省气象所	1950.11-1951.9	隶属福建省人民政府农林厅
福建军区司令部 情报处气象科	1951.9-1953.10	隶属福建军区建制，行政上受司令部情报处领导，业务上受华东军区司令部气象处领导
福建省气象科 （1954年1月1日更名）	1953.10-1954.10	隶属福建省人民政府建制，由财政经济委员会领导，业务上受中央气象局指导
福建省气象局	1954.10-1955.6	隶属福建省人民政府建制，由财政经济委员会领导，业务上受中央气象局指导
福建省气象局	1955.6-1957.11	隶属福建省人民委员会建制，由省人委农林水办公室领导，业务上受中央气象局指导
福建省农业厅气象局	1957.11-1961.3	隶属福建省农业厅，业务上受中央气象局指导
福建省气象局	1961.3-1968.11	隶属福建省人民委员会，业务上受中央气象局指导
中国人民解放军 福建省气象局军事代表	1968.11-1970.12	福建省军事管制委员会派军事代表进驻福建省气象局行使职权；1970年10月，省气象局撤销，与福建省水文总站合并为福建省水文气象台；同年11月，成立福建省农业局气象站
福建省气象局	1970.12-1973.11	实行福建省军区和省革命委员会双重领导，以省军区领导为主
福建省革命委员会气象局	1973.11-1975.11	隶属福建省革命委员会生产指挥部
福建省气象局	1975.11-1979.12	隶属福建省革命委员会生产指挥部
福建省气象局	1980.1-1983.4	隶属福建省人民政府，业务受中央气象局指导
福建省气象局	1983.4-	隶属国家气象局和福建省人民政府双重领导，以国家气象局为主

▲ 截至 2019 年 12 月 31 日，全省共有气象局、台、站 93 个，为 1949 年的 9.3 倍；气象工作者 1860 人，为 1949 年的 46.5 倍，其中硕、博士 328 人，高级工程师以上职称人员 309 人。

▶ **福建省气象机构历届领导班子及任职时间**

1949.08 — 1951.08	**汪国媛**	福建省实业厅（1951.11 改为农业厅）气象所所长。
1951.09 — 1953.01	**陈 新**	福建军区司令部情报处气象科科长。
1953.02 — 1954.10	**顾 鲁**	福建军区司令部情报处气象科（1954.01 改称福建省气象科）副科长。
1954.11 — 1957.11	**赖荣春**	福建省气象局副局长，党组书记。
1954.11 — 1957.11	**顾 鲁**	福建省气象局副局长，党组组员。
1957.11 — 1961.03	**顾 鲁**	福建省气象局局长、农业厅党组组员。
1957.07 — 1961.04	**汪国媛**	福建省农业厅气象局副局长。
1959.07 — 1961.01	**高 铎**	福建省农业厅气象局副局长。
1961.04 — 1966.08	**顾 鲁**	福建省气象局副局长，党组副书记。
1961.04 — 1969.12	**王建政**	福建省气象局副局长，党组副书记。
1965.08 — 1969.09	**李魁元**	福建省气象局副局长，党组成员。
1968.06 — 1969.10	**殷光田**	中国人民解放军福建省气象局军事代表组组长。
1969.10 — 1970.02	**钱福程**	中国人民解放军福建省气象局军事代表组组长。
1970.03 — 1971.08	**刘希麟**	中国人民解放军福建省气象局军事代表组组长。
1970.03 — 1971.02	**袁 宗**	中国人民解放军福建省气象局军事代表组组长。
1968.11 — 1969.11	**王培珍**	福建省气象局毛泽东思想宣传队队长。
1968.11 — 1971.07	**田泽林**	福建省农业局气象服务站革命领导小组组长。
1971.07 — 1975.01	**颜成义**	福建省气象局局长、临时党委副书记。
1971.07 — 1975.01	**彭维新**	福建省气象局政委、临时党委书记。
1971.07 — 1975.01	**施 强**	福建省气象局副局长、临时党委委员。
1971.10 — 1983.01	**凌 彬**	福建省气象局副局长、临时党委委员。

1971.08.10　中国共产党福建省气象局临时委员会成立，彭维新同志任书记，颜成义同志任副书记。

1972.09— 1977.10	**杨 平**	福建省气象局副局长、临时党委副书记。
1975.08—1977.10	**黄宸禹**	福建省革命委员会气象局局长、临时党委书记。（1975 年 11 月恢复为福建省气象局）

1977.10.18　省委决定成立省气象局党组，由张建国、李新文、杨平、贺俊平组成，张建国任书记，李新文、杨平任副书记。

1977.1 —1981.06	**张建国**	福建省气象局局长、党组书记。
1977.10—1983.01	**李新文**	福建省气象局副局长、党组副书记。
1977.10—1983.01	**杨 平**	福建省气象局副局长、党组副书记。
1977.10—1981.09	**贺俊平**	福建省气象局副局长、党组成员。
1979.11—1983.01	**康通鑑**	福建省气象局副局长、党组成员。
1981.06—1983.01	**黄宸禹**	福建省气象局局长、党组书记。
1981.11—1983.01	**王建政**	福建省气象局副局长、党组副书记。
1983.01—1988.10	**钮叙凯**	福建省气象局局长、党组书记。
1983.01—1988.10	**鹿世瑾**	福建省气象局副局长，1986.03 任党组成员。
1983.01—1983.02	**凌 彬**	福建省气象局副局长。

1983.09—1988.10	**叶榕生**	福建省气象局副局长、党组成员。

1988.10 根据中央有关规定，新任命班子不再成立党组。

1988.10—1989.05	**叶榕生**	福建省气象局副局长，主持工作。
1988.10—1993.04	**陈双溪**	福建省气象局副局长，1990.02 任党组成员。
1988.10—2004.01	**林有年**	福建省气象局副局长，1990.02 任党组成员。
1989.05—1997.03	**叶榕生**	福建省气象局局长、1990.02 任党组书记。
1990.02.02		省委组织部闽委组〔1990〕干字 009 号通知： 同意恢复福建省气象局党组，党组书记：**叶榕生**，党组成员：**陈双溪、林有年**。
1993.04—2000.11	**陈　仲**	福建省气象局局长、党组成员。
1995.01—2000.11	**吴章云**	福建省气象局副局长、党组成员。
1996.01—1997.07	**汤　绪**	福建省气象局副局长、党组成员。
1997.03—2000.11	**李修池**	福建省气象局局长、党组书记。
1997.09—1998.07	**郑国光**	福建省气象局副局长、党组成员。
1998.06—2005.01	**陈玉衡**	福建省气象局纪检组组长、党组成员。
2000.11—2002.04	**杨维生**	福建省气象局副局长、党组副书记，主持工作。
2000.11—2011.11	**林新彬**	福建省气象局副局长、党组成员。
2000.11—2013.09	**周京星**	福建省气象局副局长、党组成员。
2002.04—2008.04	**杨维生**	福建省气象局局长、党组书记。
2002.04—2003.01	**宋善允**	福建省气象局副局长、党组成员。
2004.01—2006.01	**范新强**	福建省气象局副局长、党组成员 2005.01-2006.01 兼任福建省气象局纪检组组长。
2004.01—2010.01	**陈　彪**	福建省气象局党组成员、副局长，2005.06-2006.06 挂职中国气象局监测网络司副司长。
2006.01—2015.12	**魏应植**	福建省气象局党组成员、副局长，2006.01-2010.01 兼任福建省气象局纪检组组长。
2008.04—2017.11	**董　熔**	福建省气象局党组书记、局长。
2008.07—2011.11	**范新强**	厦门市气象局党组书记、局长，福建省气象局党组成员。
2010.01—2019.05	**陈　彪**	福建省气象局党组成员、纪检组组长。
2011.11—2013.07	**范新强**	福建省气象局党组成员、副局长。
2011.11—2017.11	**潘敖大**	厦门市气象局党组书记、局长，福建省气象局党组成员。
2013.09—2017.11	**周京星**	福建省气象局党组副书记，巡视员。
2013.09—至今	**邓　志**	福建省气象局党组成员、副局长。
2013.09—2017.11	**葛小清**	福建省气象局党组成员、副局长。
2017.08—至今	**冯　玲**	福建省气象局党组成员、副局长。
2017.11—2018.07	**潘敖大**	福建省气象局党组副书记、副局长，主持工作。
2017.11—至今	**葛小清**	厦门市气象局党组书记、局长，福建省气象局党组成员。
2018.07—至今	**潘敖大**	福建省气象局党组书记、局长。
2019.05—至今	**周述学**	福建省气象局党组成员、纪检组组长。
2019.05—至今	**张长安**	福建省气象局党组成员、副局长。

1. 闽政〔1980〕85 号：关于贯彻国务院〔1980〕130号文件的通知

2. 闽政〔1992〕40 号：福建省人民政府贯彻《国务院关于进一步加强气象工作的通知》的意见

3. 闽政〔1996〕文 199 号：福建省人民政府关于地方财政承担气象部门执行地方性补贴、津贴所需经费的通知

福建省人民政府文件

闽政〔2014〕42 号

福建省人民政府关于实施
加快推进气象现代化十二条措施的通知

各市、县(区)人民政府,平潭综合实验区管委会,省人民政府
各部门、各直属机构,各大企业,各高等院校:

为进一步发挥气象事业在服务我省生态文明先行示范区建
设、保障经济社会发展、改善民生、防灾减灾等方面的重要作用,
到 2018 年,建成适应需求、结构完善、功能先进、保障有力的气
象现代化体系,天气预报准确率达到 88% 以上,台风路径 24 小
时预报平均误差达到 80 公里以内,台风和流域性致洪暴雨预报准
确率达到国内先进水平,灾害性天气落区预警精细到乡镇,气象
预警信息公众覆盖率提高到 95% 以上,气象现代化水平达到国内

— 1 —

◀ 闽政〔2014〕42号:福建省人民政府
　关于实施加快推进气象现代化十二条措
　施的通知

福建省财政厅
福建省气象局 文件

闽财农〔2015〕42 号

福建省财政厅　福建省气象局
关于进一步落实气象事业双重计划
财务体制的通知

各设区市、县(市、区)财政局、气象局,平潭综合实验区财政金融
局、气象局:

为进一步落实《福建省人民政府关于实施加快推进气象现代化十
二条措施的通知》(闽政〔2014〕42 号)和《福建省人民政府关于进
一步加快气象事业发展的实施意见》(闽政〔2006〕425 号)等文件精
神,推进我省气象事业加快发展。现将有关工作通知如下:

◀ 闽财农〔2015〕42号:福建省财政厅
　福建省气象局关于进一步落实气象事业
　双重计划财务体制的通知

现行机构

福建省气象局

内设机构

办公室

应急与减灾处

观测与网络处

科技与预报处
（气候变化处）

计划财务处

人事处

政策法规处

省局党组纪检组
（审计室）

机关党委办公室
（精神文明建设办公室）

离退休干部办公室

福建省气象台（福建省海洋气象台）

福建省气候中心

福建省气象信息中心（福建气象档案馆）

福建省大气探测技术保障中心
（福建省气象技术装备中心）

福建省气象服务中心
（福建省气象影视中心）

福建省海峡气象科学研究所
（福建省气象科学研究所、福建省生态气象和卫星遥感中心）

福建省气象灾害防御技术中心
（福建省防雷中心）

福建省气象局机关服务中心
（福建省气象局财务核算中心）

福建省气象宣传科普教育中心
（福建省气象培训中心）

福建省预警信息发布中心（代管）

直属单位

各设区市气象局、平潭综合实验区气象局

福州市气象局

厦门市气象局

漳州市气象局

泉州市气象局

三明市气象局

莆田市气象局

南平市气象局

龙岩市气象局

宁德市气象局

平潭综合实验区气象局

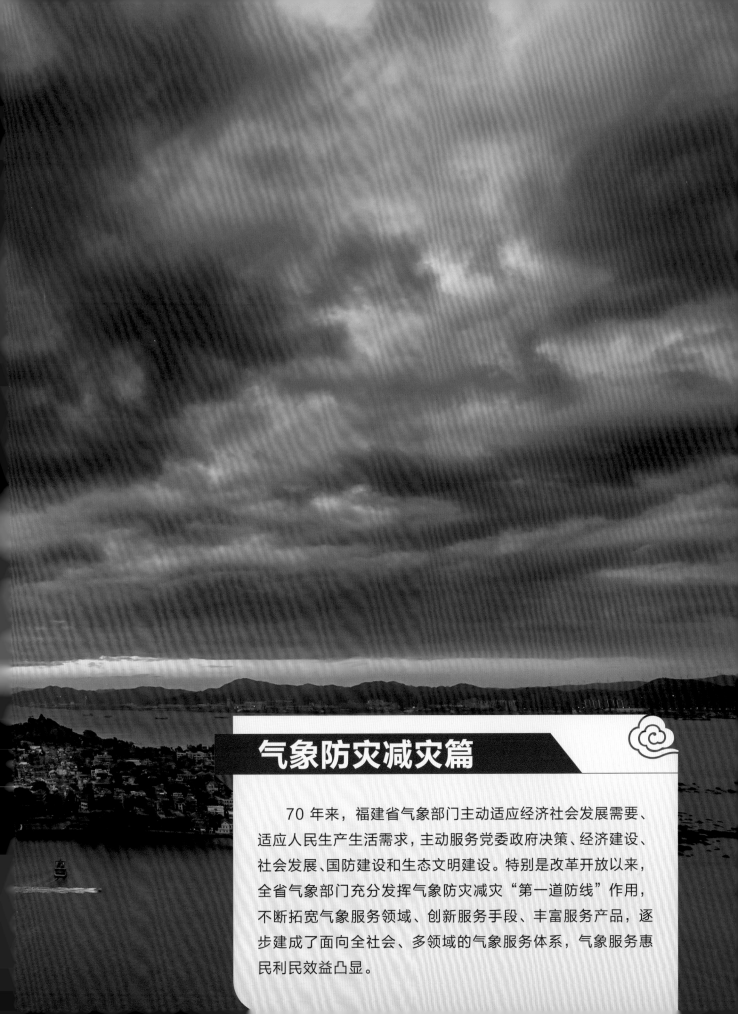

气象防灾减灾篇

　　70 年来，福建省气象部门主动适应经济社会发展需要、适应人民生产生活需求，主动服务党委政府决策、经济建设、社会发展、国防建设和生态文明建设。特别是改革开放以来，全省气象部门充分发挥气象防灾减灾"第一道防线"作用，不断拓宽气象服务领域、创新服务手段、丰富服务产品，逐步建成了面向全社会、多领域的气象服务体系，气象服务惠民利民效益凸显。

重大天气过程服务

▶ 登陆福建台风TOP10（1949—2019年）

排名	台风编号和名字	登陆风速（米/秒）	登陆气压（百帕）	登陆日期（年/月/日）	登陆点
1	0608桑美	60	920	2006/08/10	闽浙交界
2	1614莫兰蒂	52	940	2016/9/15	厦门
3	8015Percy	50	960	1980/9/15	漳浦
4	6614Alice	45	965	1966/9/3	罗源
5	8510Nelson	45	970	1985/8/23	长乐
6	5822Crace	45	975	1958/9/4	福鼎
7	1323菲特	42	955	2013/10/7	福鼎
8	1808玛莉亚	42	960	2018/7/11	连江
9	8304Wayne	40	950	1983/7/25	漳浦
10	6122Pamela	40	970	1961/9/12	晋江

▲ 2005 年 7 月 6 日，省气象局召开雨季天气概况和夏季气候趋势预测新闻发布会

▲ 2010 年 6 月 18 日，南平市预报员在停电的情况下仍坚守岗位做好暴雨服务工作

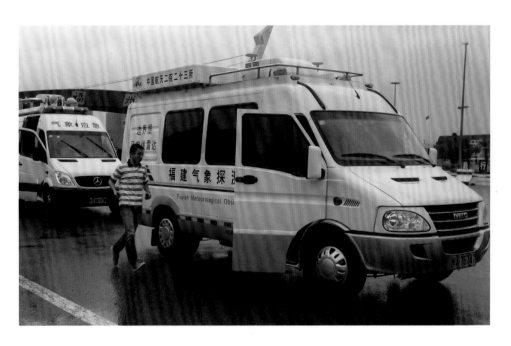

▲ 2012 年 6 月 20 日，省气象应急小分队开展防御台风"泰利"应急保障服务

1
—
2

1. 2016 年 7 月 9 日，台风"尼伯特"影响期间，"追风小组"在莆田市新度镇沟尾村采访

2. 2016 年 9 月 14 日，台风"莫兰蒂"来袭，省大气探测技术保障中心工作人员前往基层一线进行设备维护保障

$\dfrac{1}{2}$

1. 2016 年 9 月 15 日，台风"莫兰蒂"登陆前夕，厦门市气象局高空组在强风下施放探测气球

2. 2016 年 9 月 15 日，台风"莫兰蒂"登陆前夕，省气象台灯火通明，紧盯台风动态

1
—
2

1. 2016 年 10 月，福建省气象局局长董熔（左）在省防汛办向副省长黄琪玉（右）汇报台风"海马"最新动态

2. 2017 年 8 月，台风"天鸽"来袭，省气象台首席预报员紧盯台风动态

<table>
<tr><td>1</td></tr>
<tr><td>2</td></tr>
</table>

1. 2018 年 7 月，省气象局局长潘敖大（左）在省防汛办向副省长李德金（右）汇报台风"玛莉亚"最新动态

2. 2019 年 8 月，漳州市基层台站工作人员加固自动气象站设备，应对第 11 号台风"白鹿"

重大活动气象保障服务

1. 2008 年 5 月 13 日，为龙岩站奥运火炬传递提
供气象保障

2. 2012 年 9 月 30 日，为中央电视台"福州月·
中华情"中秋晚会现场提供气象保障服务

1
—
2

1. 2014 年 5 月 15 日，与台湾金门开展灾害防救演习实兵演练天气会商

2. 2015 年 7 月 14 日，漳州市技术人员开展古雷 PX 项目爆炸后首次防雷检测

1　　　2017 年，金砖国家领导人第九次会晤期

2　　　间，气象工作者为活动保驾护航

<u>1</u>
<u>2</u>　　2015 年，全国第一届青年运动会期间，现场开展气象保障服务

1. 2016 年 1 月 2 日，为厦门国际马拉松
   赛开展气象保障服务

2. 2018 年 10 月 28 日，为"第五届世界
   佛教论坛"开展气象服务

$\dfrac{1}{2}$

1. 2018 年 10 月 19 日，为第十六届福建省运动会开幕式开展气象保障服务

2. 2019 年 5 月 6 日，为第二届数字中国建设峰会提供气象保障

生态文明服务

▶ 成立卫星遥感机构，开发植被生态质量评估、空气清新度等卫星遥感服务产品

福建省气象卫星遥感应用发展历程	
1991 年	建立 NOAA 卫星资料实时接收处理系统；
2004 年	建立 EOS/MODIS 卫星资料实时接收处理系统；
2006 年	成立福建省卫星遥感应用中心，挂靠省气科所；
2013 年	引入 SWAP 、SMART 等业务平台；
2015 年	建成风云三号极轨卫星接收站；
2018 年	建成风云四号静止卫星接收站；升级SWAP、SMART，开展本地化改进。
2018 年	更名为福建省生态气象和卫星遥感中心。

近10年来

—— 科研项目，申报省部级以上科研项目近10 项

—— 研究领域，天气遥感、陆地生态、海洋生态等

—— 人才培养，培养正研级高工1 名

▶ 亮相首届数字中国建设峰会

2018 年 4 月 21 日至 25 日，以"数字气象 美丽福建"为主题的"卫星应用项目"惊艳亮相首届数字中国建设峰会，通过视频宣传、实物模型、VR 体验等多种形式，全方位生动展现我国气象卫星发展成就和卫星遥感应用成果。

▶ 研发具有福建"山海"特色的卫星遥感业务产品

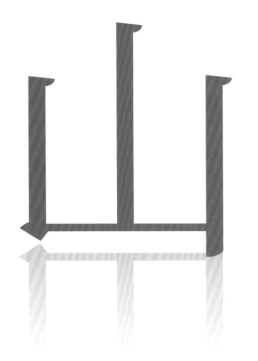

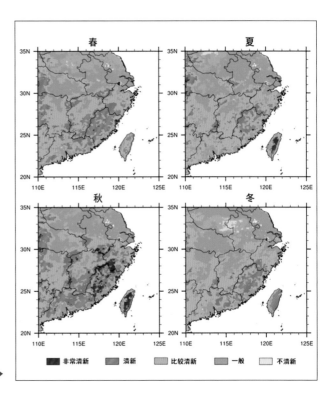

卫星遥感清新度 ▶

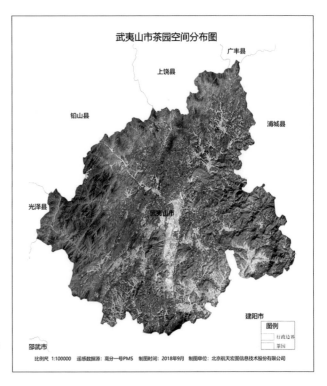

武夷山茶园空间分布 ▶
（2018年9月）

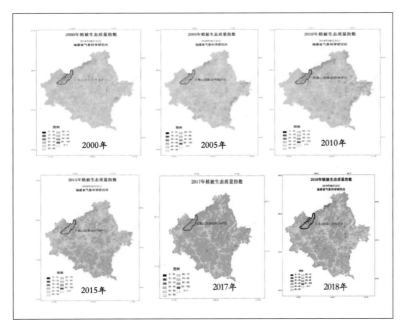

▲ 植被生态质量指数（2000-2018）

▲ 森林火点卫星雷达叠加

▶ **研发具有福建"山海"特色的卫星遥感业务产品**

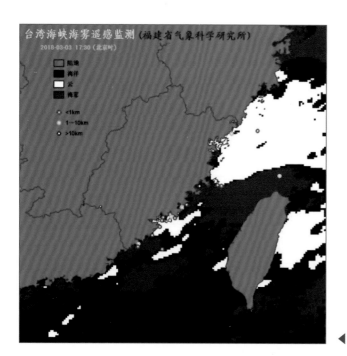

◀ 海雾监测

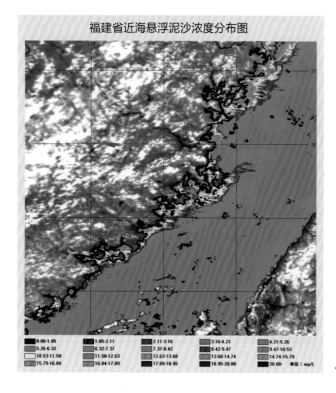

◀ 近海悬浮泥沙监测

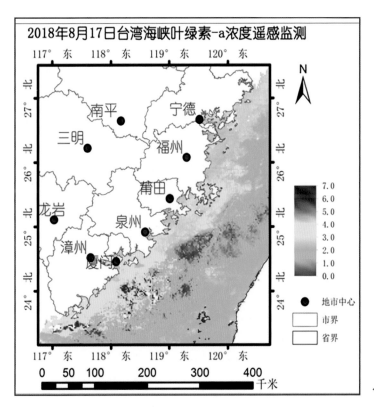

2018年8月17日台湾海峡叶绿素-a浓度遥感监测

◀ 海洋叶绿素监测

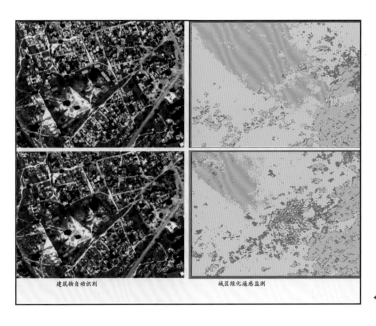

建筑物自动识别 城区绿化遥感监测

◀ 台风对沿海城市生态影响评估

▶ **助推地方获评"中国天然氧吧""中国气候生态城市"**

◀ 2017 年 10 月，"应对气候变化·记录中国"活动走进福建

◀ 2017 年 10 月，召开蓝色经济与区域低碳发展论坛

◀ 2018 年 9 月，永泰县获评"中国天然氧吧"

◀ 2019 年 1 月，福州市获评"中国气候生态城市"

深挖气候资源,2019年推出"清新福建 · 气候福地"品牌推荐认定活动,被纳入《福建省实施乡村振兴战略十大方案》,使良好生态成为乡村振兴的支撑点。

1
———
2

2019年7月1日,举行"清新福建 · 气候福地"首批避暑清凉福地发布会暨气象文旅论坛

乡村振兴服务

▶ 不断创新为农气象服务，助力乡村振兴，努力实现既有绿水青山又有金山银山

1984 年 4 月，农业气象人员在果园观 ▶
测柑橘病虫情况

1985 年 6 月，农业气象人员观测菠萝 ▶
生长情况

1990 年 12 月，在省气象学校召开"福 ▶
建省第四届农业气象学术讨论会"

▲ 2004 年 8 月，技术人员深入果园，为农户提供柚子种植气象服务

▲ 2010 年 9 月，直通式气象服务走进田间地头

▶ **深入田间地头，为农民答疑解惑**

$\dfrac{1}{2 \mid 3}$

1. 2013 年 2 月，气象业务人员与农民面对面开展气象服务

2. 2013 年 4 月，农业气象专家到瓜棚开展直通式气象服务

3. 2015 年 4 月，农气专家在桃花开花期深入果园指导果农抓住有利时机进行人工授粉

$\dfrac{1}{2}$

1. 2016 年 3 月，气象驻村干部为菇农指导菌菇种植

2. 2018 年 6 月，技术人员登上渔排开展鲍鱼养殖气象服务

▶ 积极推进农业气象指数保险工作，更好地发挥气象科技在
农业灾害风险管理中的作用，为"不测风云"买单

▲ 2019 年 1 月和 7 月，媒体报道天气指数保险成效

2011 年编制完成《福建省特色农业 ▶
精细区划》，得到副省长倪岳峰的充
分肯定，成果已用于全省特色农业种
植和规划，社会效益和经济效益显著

▲ 2016 年 2 月，气象专家到茶山开展茶园冻害情况调查

▲ 2016 年 5 月，气象技术人员赶到受灾现场了解烟叶受灾情况

"海上丝绸之路"气象服务

▶ 为"海上丝绸之路"沿岸沿线国家的重要基础设施建设
与运行保障、渔业、海上航运等做好气象保障服务

2007 年起，省气象局、海洋渔业厅、▶
海峡之声广播电台联合制作"渔业气
象"，服务两岸渔民

2011 年 12 月 6 日，海峡两岸专家共 ▶
商航运气象保障服务

◀ 2015 年 11 月 27 日,中国气象报社"绿
镜头"走进福建采访海峡号有关气象服
务情况

◀ 2019 年 5 月 27 日,"海丝气象八闽行"
志愿者走进南日岛

▶ 为"海上丝绸之路"沿岸沿线国家的重要基础设施建设
与运行保障、渔业、海上航运等做好气象保障服务

1
2 | 3

1. 星仔岛气象站是福建距岸最远的无人岛气象站，台湾海
峡大航道从旁经过，其周围海域的观测资料非常重要

2. 2015 年 7 月布放"海峡二号"浮标

3. 2016 年 11 月，技术人员在码头对气象设备进行维护

2017 年 6 月，"海峡一号"浮标 ▶
回港检修

2017 年 8 月，技术人员在离闽江 ▶
口海域约四十分钟路程的灯桩上完
成六要素自动气象站的安装

专业气象服务

▶ **开展气候资源利用服务，成效显著**

2011 年，编制完成《福建省风能资源详查和评估报告》，成果用于省政府制定陆上及海上风电发展规划，同时为 6 个海上风电场开展气象灾害风险评估。省发改委评价"为我省新能源产业的可持续健康发展做出了重要贡献"，累计经济效益达上百亿元。

◀ 2014 年，编制完成《福建省太阳能资源评估报告》，成果用于指导 6 个县市完成《太阳能资源评估》报告的编写，每个太阳能光伏发电量为 1.1MW，累计经济效益达上千万元。

▶ **深化部门、行业合作，硕果累累**

▲ 研发地质灾害气象风险精细化预警系统，全面提升全省地质灾害气象风险精细化预警能力

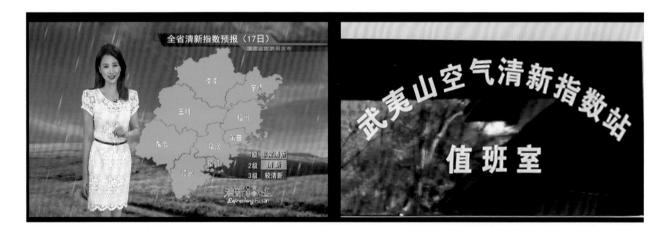

▲ 紧贴"清新福建"品牌发展需要，与旅游部门联合开展清新指数体系建设和智慧旅游气象服务

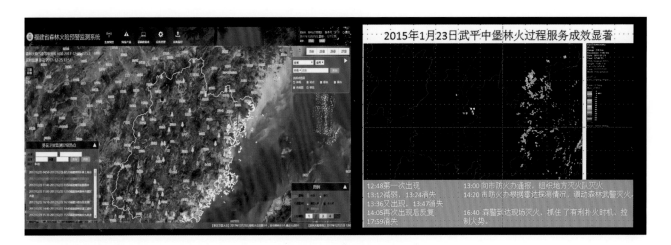

▲ 森林火险预警监测系统在省防火办及全省 101 个森林防火单位落地运行

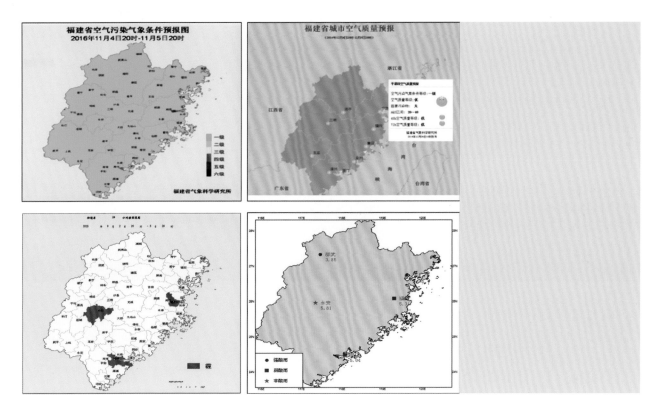

▲ 开展雾霾预报预警、空气污染气象条件预报、城市空气质量预报、重污染天气预警等空气质量预警预报

▶ 深化部门、行业合作，硕果累累

▲ 针对用户需求开发大中型水电气象服务系统，成果在全省推广应用

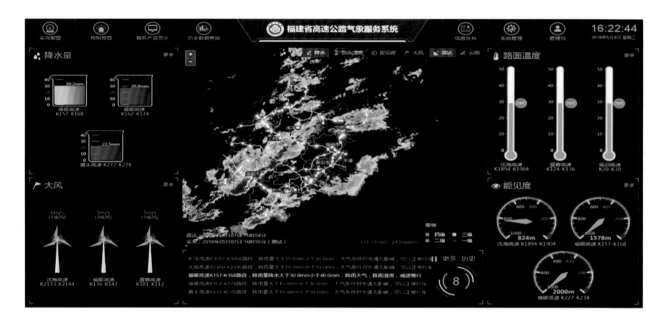

▲ 与交通部门合作，开发全省高速公路气象服务系统

▲ 与航空公司加强合作，为航空产业提供运行决策
  支持、气象技术研究与整体解决方案

▶ 深化部门、行业合作，硕果累累

◀ 2003 年 2 月，为福银高速施工现场开展气象服务

◀ 2008 年 10 月，深入棉花滩水电站了解其生产过程和服务需求

◀ 2008 年 12 月，为厦门机场安装自动观测系统跑道视程探测仪

2014 年 11 月，为泉州湾跨海大桥建 ▶
设提供服务

2018 年 8 月，到沙县机场调研航空气 ▶
象服务工作

2019 年 7 月，与武夷山国家公园管理 ▶
局合作推进国家公园生态文明建设

人工影响天气

▶ 探索研究，勇于实践

福建有组织地开展人工影响天气作业始于 1959 年，主要工作是组织人员学习业务，进行人工影响天气（以下简称"人影"）土炮和土火箭的试制研究。

1974 年起，省气象局在古田水库流域建立人工增雨试验基地，并与国内科研院校合作，开展古田水库人工增雨效果的随机试验研究，前后长达 12 年（1974—1986 年）。持续时间之长，取得成果之多，国际上少有，为提高我国人工降水效果检验的客观性、科学性做出了重要贡献。

古田人工增雨试验，获得国家气象局科技进步二等奖，具有国内先进水平，在国际上有一定影响力。

1
———
2

1. 1972 年古田土火箭试验

2. 1974 年古田人工增雨试验

▶ 与时俱进，空地立体作业规模化

人影工作开展 60 年来，随着作业能力、管理水平和服务效益不断提高，人工影响天气在防灾减灾、为农服务和水资源安全保障等方面，发挥着日益明显的趋利避害作用。

▶ 人影业务现代化信息化建设

　　人影指挥系统拥有网页和手机 APP 两个用户端，实现省级统一指导、市级具体指挥、县级现场实施三级联动，同时基于系统利用二维码扫描、GIS 技术实现火箭弹和装备的物联网跟踪管理。

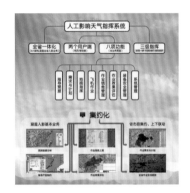

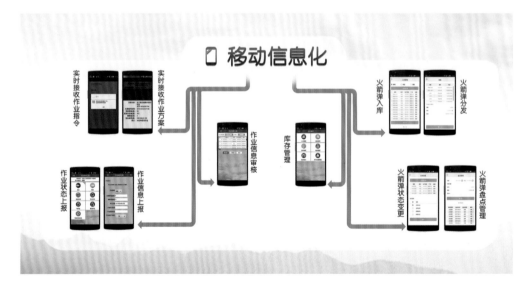

▶ 新起点，新征程古田基地再续辉煌

2015 年启动"古田水库流域人工增雨效果检验基地"建设，包含建设人工增雨效果观测系统、人工增雨效果检验系统、人工影响天气业务平台以及人工增雨作业示范区。

（红方块为作业点、红色圆点为微型雨雷达，蓝色和黄色圆点为雨滴谱观测点、绿色方块为雷达观测点，黄色圆点为GPS/MET点，红框为影响区、黑框为对比区、绿色框为试验区范围）

2013 年 7 月 29 日，《福建日报》第二版头条刊登了《再造一个"空中水库"》的文章，重点宣传了福建省以古田为人工影响天气效益评估试验基地，开展人工增雨作业效果评估研究，探索开发利用空中水资源，解决水资源短缺的问题。该报道还被搜狐网、网易、东南网、中新网、中国日报网等多家媒体转载。

◀ 古田人工增雨试验基地布局

科普宣传

气象科普是宣传科学普及知识的社会公益工作，对于全面提高社会民众对气象知识的掌握以及自身防灾减灾能力有着非常重要的意义，也是提高全民气象科学素质的重要内容。

近年来，全省气象部门共创作图文类气象科普作品375种、影视动漫类6种、宣传品类20余种，出版发行气象科普图书、挂图9万余册，制作播出气象科普影视、动漫作品近200集。两部气象科普动画片、一部气象科普漫画图书获国家级奖励。

《福州市中小学生气象灾害防御自救知识读本》

设计制作以 2017 年"3·23"世界气象日为主题的《观云识天》气象科普系列云卡明信片，深受广大气象爱好者和市民的喜爱。

从2014年开始至今，《八闽风云说》已经成为家喻户晓的气象科普品牌

省市县三级防汛责任人气象防灾减灾救灾培训规模大、成效明显。"知天气"智慧气象服务手机 APP 成为防汛防台必备。《穿越台风》和人工影响天气 VR 体验、"八闽风云说"图文产品、"小小减灾官"电视科普大赛受到广泛好评。《气象百问》图书向全国 40 多万所中小学发放。气象科普志愿者"海丝气象八闽行"的脚步遍及八闽大地。

气象科普实体基地、场馆年均参观超 12 万人次。世界气象日、气象科技活动周、科普日和防灾减灾日等主题气象科普活动常态化开展，每年有近千人次的气象专家活跃在"福建科普大讲堂"、科技馆、部队、企业、乡镇、社区、校园中，根据不同对象的需求，"定向、定制"传播气象科学知识。深入推进"互联网＋科普"，气象科普专栏列入福建数字科技馆专题馆，大众媒体广泛应用，年浏览量逾亿次。

气象现代化篇

　　70年来，气象事业的发展与祖国的腾飞同频共振。新中国成立初期，地面观测站寥若晨星，通信依赖莫尔斯手工收发报，天气预报则主要运用天气图和天气过程模型。如今，全省2105个自动气象站、10部新一代天气雷达、2个卫星直收站、7个海洋浮标站、16部风廓线雷达以及各类新型探测设备组成海陆空一体化的气象观测网。全省高速气象网络、海量气象数据库、气象大数据支撑平台的建成使得海量观测数据分钟级到达预报员桌面。全省无缝隙、全覆盖的智能网格预报系统划分出2万个网格，逐时滚动更新发布1200万个预报信息，精细到全省每一个乡镇，预报效果全国领先。

综合气象观测

　　中华人民共和国成立前夕，全省有测候所 10 余个。观测场所不规范，仪器设备破旧简陋，只单纯开展地面观测。1953 年开始，我国转入了大规模的经济建设时期，由于国民经济建设和国防事业的需要，气象台站得以迅速发展。

▲ 20 世纪 50 年代的邻霄台观测点（现省气象台观测场前身）

▲ 1954 年的省气象台观测场

中华人民共和国成立后至 20 世纪 50 年代后期，全省的地面常规仪器装备，基本实现了国产化，统一仪器规格、型号，严格检定标准，仪器质量有了保障。

▲ 20 世纪 50 年代的降水量观测

▲ 20 世纪五六十年代上杭县气象局观测场

党的十一届三中全会以来，为了使气象台站网分布、任务分工更趋合理，福建对台站网进行必要的调整，使其日臻完善。

1	2
3	4
5	6

1. 1981年厦门狐尾山地面观测场

2. 1982年大田县人工观测地温和雨量

3. 1982年大田县人工观测风向风速

4. 20世纪90年代龙岩地面值班室

5. 2005年福州探空站（L波段探空雷达）

6. 2017年厦门市高空观测组

1	4
2	5
3	

1. 省综合气象观测实训基地观测场
2. 压力矢量测风传感器
3. 毫米波云雷达
4. 激光云高仪
5. 全球卫星导航系统大气探测水汽观测站

如今，福建初步建成了海陆空一体化的气象观测网，涵盖领域更广、技术更新、站点更密，"天罗地网"可以进行分钟级气象要素观测，风廓线雷达的建设和应用能力全国一流，台风和短历时强天气的监测能力国内先进。

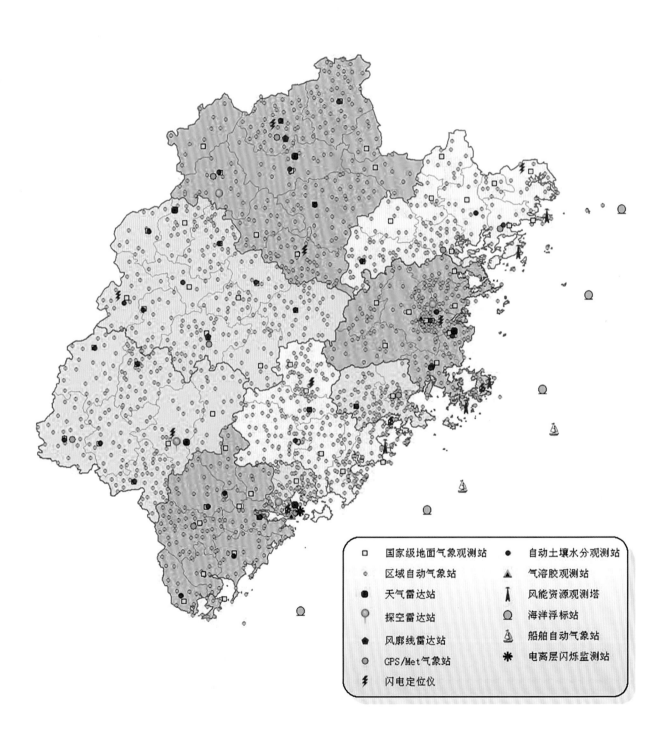

□	国家级地面气象观测站	●	自动土壤水分观测站
○	区域自动气象站	▲	气溶胶观测站
◨	天气雷达站	⊥	风能资源观测塔
◉	探空雷达站	◎	海洋浮标站
⬠	风廓线雷达站	⛵	船舶自动气象站
◎	GPS/Met气象站	✳	电离层闪烁监测站
⚡	闪电定位仪		

- 全省有 2105 个区域自动站，平均间距 8 千米，福州、厦门主要城区平均间距 3 千米。

- 实现四要素以上站点乡镇全覆盖，建设站点涉及农业、林业、交通、旅游、海洋、教育等多个行业和部门。

- 400 套区域自动站具备北斗应急通信功能。

★ 70个国家级地面自动气象站

★ 2105个区域自动站

★ 10部新一代天气雷达

★ 19部风廓线雷达

★ 4部探空雷达

★ 7部海洋大型浮标站

★ 16个闪电定位仪

★ 25个GNSS/Met站

★ 32个自动土壤水分观测站

★ 1个电离层闪烁监测站

福建雷达观测用于气象业务始于1958年。当时借助驻闽空军警戒微波雷达站在台风季节进行台风观测，为气象部门提供探测资料。1958年台风灾害后，省政府拨专款进口2台德卡–41雷达，开始天气雷达观测。1964年，由中央气象局配给10厘米波长的军用843型雷达1部，在福建龙田试用。后来，正式配给福建全国统一布点843型雷达2部。20世纪80年代初，建成3部713型天气雷达，成为福建气象雷达探测网的主要技术装备力量。

| 1 | 2 |
| | 3 |

1. 长乐气象雷达站始建于1964年，这是当年使用的843型雷达

2. 20世纪70年代建阳雷达站登高山711雷达阵地全景

3. 20世纪80年代建阳713雷达主机楼

经过多年建设，如今福建全省有 10 部多普勒天气雷达，其中单偏振雷达 6 部，双偏振雷达 3 部，移动雷达 1 部。

1	2
3	4

1. 长乐国家天气雷达站

2. 厦门国家天气雷达站

3. 宁德国家天气雷达站

4. 泉州国家天气雷达站

1 | 2
<u>3</u>

1. 漳州国家天气雷达站

2. 龙岩国家天气雷达站

3. 三明国家天气雷达站

1
―――
2 | 3

1. 厦门双偏振雷达

2. 建阳国家天气雷达站

3. 宁德新一代移动天气雷达车

▶ 全省7部大型海洋气象浮标站，东至钓鱼岛
周边，南至澎湖列岛海域

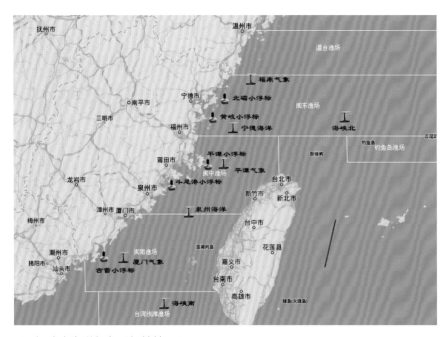

▲ 福建省海洋气象浮标站站网图

▲ 海洋气象浮标站

▶ **全省4部L波段探空雷达，19部风廓线雷达**

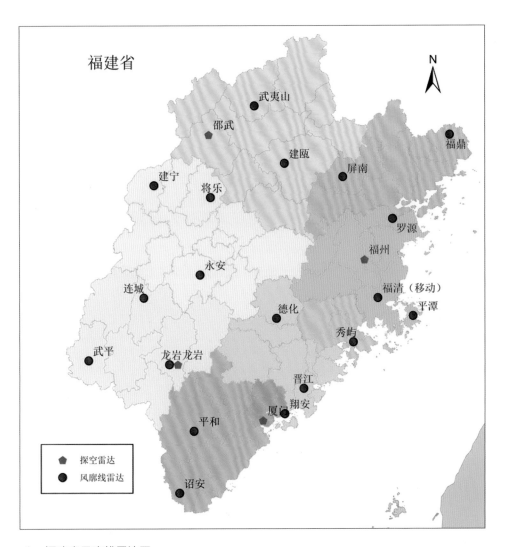

▲ 福建省风廓线雷达网

▲ 福鼎风廓线雷达站

▲ 平潭风廓线雷达站

▶ 1970年5月，省气象台首批配备国产的卫星云图接收设备

1 | 3
2 | 4
    | 5

1. 我国第一代卫星云图接收天线
2. CMACast 广播系统接收器
3. 1978年省气象台技术人员安装新一代卫星云图接收设备
4. 风云三号气象卫星省级地面站
5. 风云四号气象卫星省级地面站

气象信息网络

信息网络发展经历了莫尔斯手工收发报、有线和无线电传自动通信和传真通信、甚高频辅助通信网、计算机联网通信到卫星通信网络时代，气象信息化和装备保障支撑能力全面提升。

1	3
2	4

1. 福建早期的观测记录
2. 20世纪70年代初接收卫星云图
3. 莫尔斯气象广播
4. 第一台卫星云图接收机

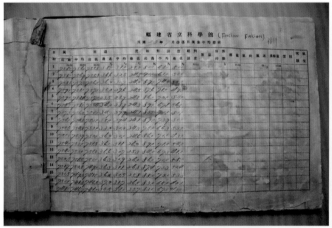

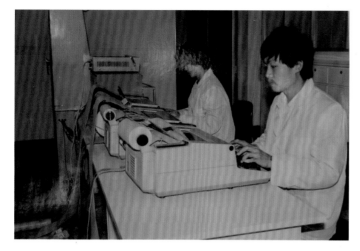

1	3
2	4
	5

1. 20世纪80年代初电传机
2. 20世纪80年代使用的传真机天线
3. 20世纪80年代使用的接收传真
4. 1986年6月甚高频电话通话与地区联通
5. 20世纪80年代使用的通信网络

◀ 1988 年 9 月，购置第一台长城牌
　计算机

◀ 20 世纪 90 年代，莆田市气象局
　配置一机多屏电脑，大大方便了预
　报员查看各类实时资料

◀ 2019 年福建省气象信息中心机房

◀ 2019 年福建省气象信息中心业务
　运维平台

▶ "天地一体化" 通信系统

如今，福建省建成了全省高速气象网络、海量气象数据库、气象大数据支撑平台，气象高速宽带网络达到每秒千兆，气象数据存储总量达到 310TB，高性能计算峰值达到每秒 80 万亿次，海量观测数据分钟级到达预报员桌面。

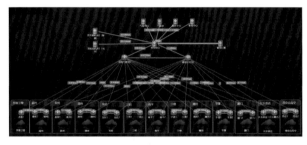

◀ 地面宽带网：国省地面宽带网络，省级接入带宽 408Mbps。省内地面宽带网络，省一市一县三级架构，采用 MSTP 和 MPLS VPN 双线路、双路由，互为热备。省级接入带宽 600Mbps，市级接入带宽 56Mbps，县级接入带宽 24Mbps。

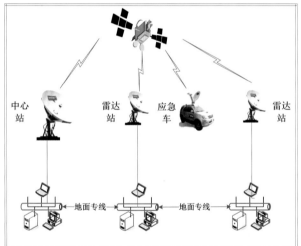

◀ 雷达卫星应急通信网：通过亚洲 5 号卫星实现新一代天气雷达的应急通信，与地面宽带通信系统共同确保雷达观测数据 24 小时不间断实时传输。

◀ 建立北斗预警信息管理系统，建有 400 套北斗自动气象站和 100 部北斗移动手持终端，实现应急状态下信息的发送和接收。

▶ 集约化硬件设施资源池

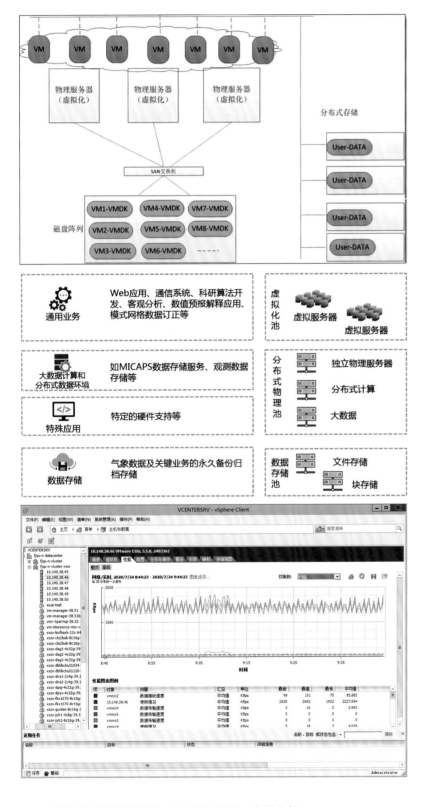

▲ 可用资源 CPU 912 核，存储 310TB，主要业务
平台有序迁入资源池

▶ 统一的气象数据环境

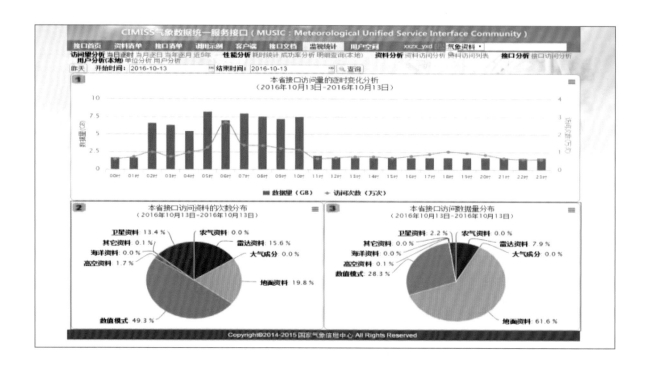

制定CIMISS数据环境资源使用管理办法

18个主要省级业务系统接入CIMISS

接口调用成功率97.608%

耗时1秒占比98.091%

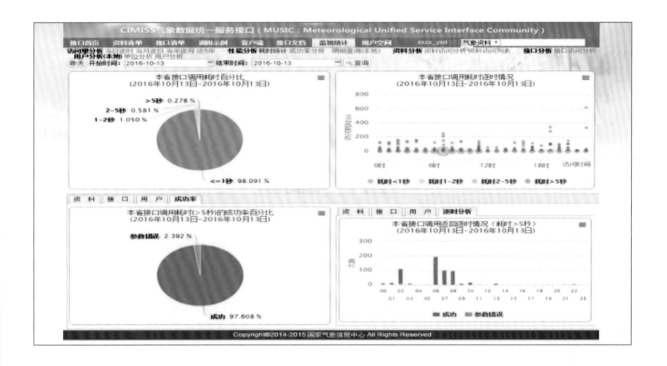

日平均访问量20万余次

单日最大访问量25.38万余次

单日数据下载量50GB

已注册API用户52个

▶ 数据集约共享

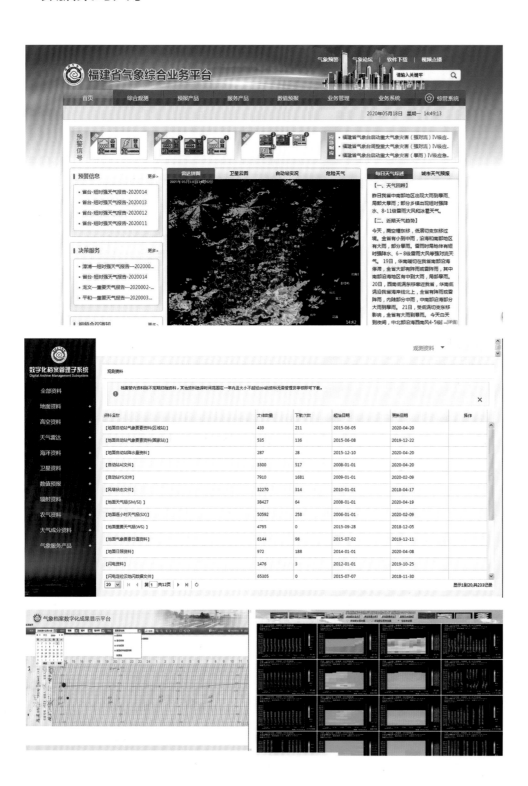

　　打造福建省气象综合业务平台，涵盖综合观测、数值预报、预报产品、服务产品、数字化档案和业务管理等内容，实现信息资源集约化检索、展示、订阅及产品定制等多样化的数据共享服务方式。

▶ 完善信息安全体系

以主机安全、网络安全、数据安全、应用安全、安全管理为目标,建成"分区分域、多层防护"的信息网络安全防御体系。根据信息业务集约化、标准化、扁平化的要求,推进省级复合网络对信息安全的全面感知,引入信息网络安全新技术,构建基于气象云环境的信息安全体系,为厦门金砖会议等重大活动气象保障提供了安全可靠的数据环境。

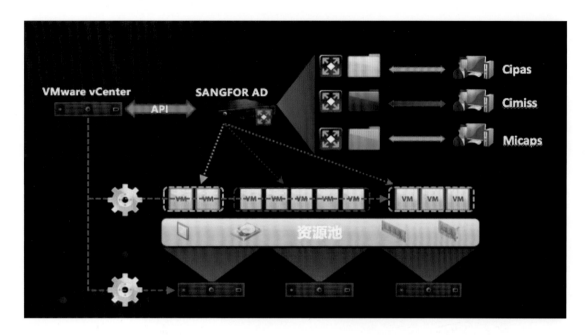

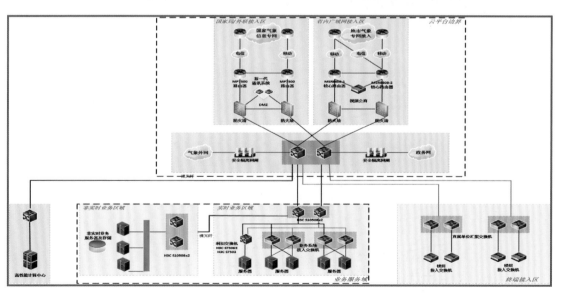

气象预报预测

　　1949 年，福建全省只有 4 个预报员，在福州乌山上的一座破庙中工作，这是省气象台的雏形。1956 年，全省有 4 个单位 20 人从事天气预报业务工作，业务已初具规模，但尚未形成天气预报业务体系。1978 年以来，天气预报业务体系进入了建立与完善的快速发展时期。

　　随着综合气象观测技术、数值模式技术以及 IT 技术的不断发展，福建省天气预报业务从新中国成立初期以手工绘制的纸质天气图为主要工具，通过分析天气图与天气实况来制作 24 小时预报，发展到现在利用云计算、互联网＋等现代信息技术，滚动制作实时同步、协调一致的未来 10 天无缝隙的智能网格预报产品。

▲ 20 世纪 50 年代手工填图

▲ 20 世纪 70 年代末预报会商

▲ 20 世纪 70 年代天气预报会商

▲ 20 世纪 80 年代天气预报会商

▲ 20 世纪 80 年代预报员进行天气预报服务

▲ 20 世纪 90 年代预报员在分析天气形势

▲　20 世纪 90 年代预报员在手绘天气图

▲　1990 年，预报员手绘分析东亚天气地面图

▲ 1946 年 9 月 17 日 05 时天气图，这是福建省现存最早的天气图

▲ 2001 年至 2002 年短期气候预测会商记录簿

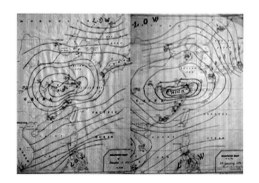

▲ 手工绘制天气图

▲ 福建省气象台成立后 1951 年 9 月 12 日的天气图

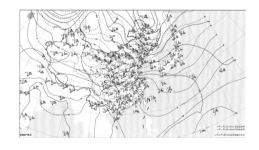

▲ MICAPS850hPa 高空图（1997 年 1 月 13 日 20 时）

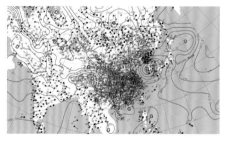

▲ 气象信息综合分析处理系统（MICAPS）4.0

▶ 智能网格预报业务体系

2013 年,省气象局启动了新一轮气象现代化建设,以建设"智能、精细、精准的数字化、无缝隙网格预报业务体系"为工作思路,实施精细化气象网格预报业务建设。研制成功 5km×5km 智能网格天气预报方法,2017 年投入业务运行,实现预报精细到乡镇,预报效果全国领先。预报服务产品的制作和发布实现了更高水平的智能化和自动化,提高了工作质量和效率。

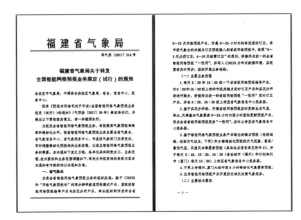

省气象台"二上,二下":5:30、15:30 下发指导产品。6:30、16:30 上传定时订正产品。"0~3 天必须订正,4~10 天按需订正"。

各个市气象台"二上":6:00、16:00 上传订正产品。"24 小时内必须订正,2~3 天按需订正"。

▶ 智能网格预报业务分工

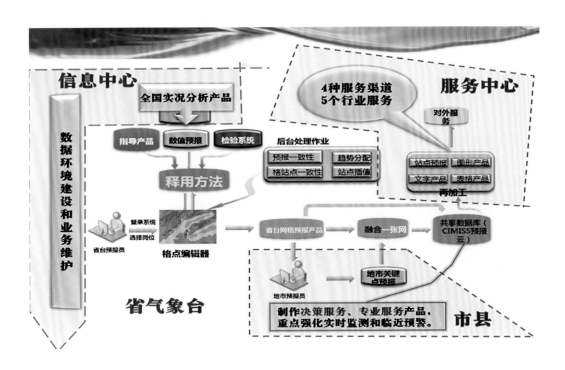

▶ 智能网格预报业务框架

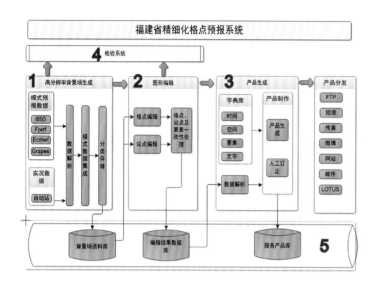

推进智能网格气象预报业务向无缝隙、精准化、智慧型方向发展。建成了基于 MICAPS4.0 框架的精细化预报网格编辑平台，预报产品制作智能化业务平台等，实现落区、网格、站点一体化制作，满足降雨预报精细到乡镇、点对点精准指挥的要求。

▶ 格点编辑器

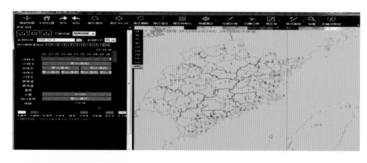

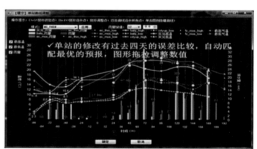

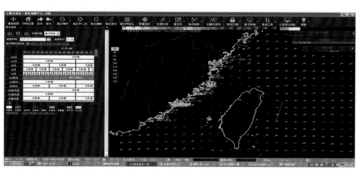

▶ 省市县一体化短临预警平台

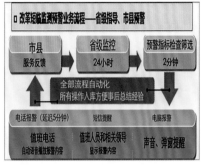

实现:
监控报警,逐级提醒制作
快速制作,实况自动累计
一键分发,服务留痕。

▶ 智能预报推动智慧气象服务

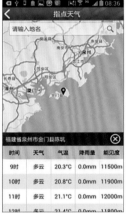

"知天气"APP,基于位置按需服务,用户数已超过 300 万,并入选"数字福建"精品工程。

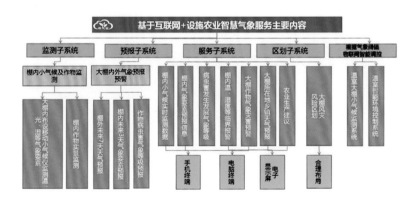

建成集智能监测、精细预报、预警与普惠服务于一体的设施农业智慧气象服务体系,实现面向设施种植户"一棚一测一报一送一控制"等智能、便捷、个性、直通的服务。

▲ 2019 年福建省气象台业务平台

台站风貌

　　新中国成立前，福建全省气象仪器设备陈旧简陋，站点屡经变迁。随着气象事业不断发展，如今，台站风貌焕然一新。

▲ 1949 年福建乌石山气象台观测场风貌

▲ 2019 年省气象台观测场风貌

1	2
3	4
5	6

1. 20世纪80年代罗源县气象局旧貌
2. 2019年罗源县气象局风貌
3. 20世纪80年代安溪县气象局旧貌
4. 2019年安溪县气象局风貌
5. 20世纪70年代德化县气象局旧貌
6. 2019年德化县气象局风貌

▲ 2019 年正在建设中的省气象防灾中心

▲ 省气象防灾中心鸟瞰效果图

$$\frac{1}{2\ \vert\ 3}$$

1. 2019年平潭海洋气象站风貌
2. 2019年建阳区气象局风貌
3. 2019年九仙山气象站风貌

开放与合作篇

改革开放以来，福建作为我国综合改革试验区，对外交往逐年增多。多个国家和地区的气象官员和专家来闽参观考察，加强国际气象科技交流和合作。福建与台湾在天气气候方面互为上下游，福建省气象局作为"先行者"，突破了一个又一个"从无到有"，被时任福建省委书记贾庆林誉为"未三通，先通气"。海峡两岸民生气象论坛已连续举办 8 届，吸引了两岸逾千人次参与其中。与高校、部门、企业等加强合作，通过开放与合作，拓宽专业视野，提升科研水平与服务能力。

国际交流

　　改革开放以来，先后接待了亚洲、欧洲、拉丁美洲、非洲、澳洲等 50 余个国家和地区的气象官员、专家学者来闽参观。通过加强出国考察、交流，参与国际气象科学试验，融入国际气象学术交流等方式开阔视野，促进国际气象科技交流和合作。

◀ 1987 年 9 月，澳大利亚气象专家到省气象局考察，共同研讨天气预报业务

◀ 1991 年 3 月，联合国东南亚气象考察团到连江县局考察业务服务

◀ 1995 年 11 月，东亚中尺度气象与暴雨研讨会在福州召开

◀ 1996 年 5 月，拉丁美洲 16 国气象局局长及世界气象组织代表一行 19 人到武夷山考察

◀ 1996 年 12 月，世界气象组织台风委员会考察团到省气象局考察

$\dfrac{1}{2}$

1. 1997 年 10 月，美国水利减灾专家来省
气象局考察

2. 2009 年 11 月，省气象局专家赴韩国首
尔参加第七届东亚中尺度对流系统和高
影响天气气候国际会议报告交流

$\dfrac{1}{2}$

1. 2017 年，聘请澳大利亚麦考瑞大学张凯文博士作为"福建省持续性天气事件延伸期预报方法研究"创新团队专家顾问

2. 2018 年 4 月，省气象局专家应邀参加美国气象学会（AMS）第 33 届飓风与热带气象会议

◀ 2018 年 6 月，省气象台预报员在美国马里兰大学参加资料同化学术研讨会

◀ 2018 年 6 月，"一带一路"学员团到省气象局参观考察

2019 年 4 月，省气象局专家赴奥地利 ▶
维也纳参加欧洲地学联盟年会

2019 年，省气象局专家在丹麦参加 ▶
2019 年第六届国际能源与气象大会

港澳台交流

与港澳台地区开展形式多样的气象交流，尤其在闽台交流中，突破了一个又一个"从无到有"。

1. 2000 年 11 月，参加澳门举办的世界气象组织 / 亚太经社理事会台风委员会第三十三次届会

2. 2004 年 2 月，香港天文台考察团到省气象局考察访问

3. 2017 年 1 月，省气象台预报员在香港天文台交流学习

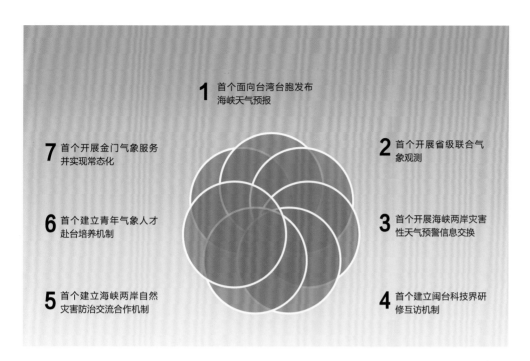

1 首个面向台湾台胞发布
海峡天气预报

7 首个开展金门气象服务
并实现常态化

2 首个开展省级联合气
象观测

6 首个建立青年气象人才
赴台培养机制

3 首个开展海峡两岸灾害
性天气预警信息交换

5 首个建立海峡两岸自然
灾害防治交流合作机制

4 首个建立闽台科技界研
修互访机制

$\frac{1}{2}$

1. 福建与台湾在气象上的交流合作，创
下了七个全国"首个"

2. 1993 年 1 月，台湾大学教授陈泰然
来福建访问考察气象业务工作

◀ 1994 年 3 月，省气象局考察团赴台湾
大学学习考察

◀ 2004 年，厦金航线服务技术保障项目
通过验收

◀ 2006 年 4 月，省气象局召开推进闽台
气象交流研讨会

◀ 2009 年 6 月，与台湾气象部门签署台
风暴雨等灾害性天气预警技术交流和研
究合作协议

◀ 2009 年 6 月，闽台开展海峡两岸气象
联合观测试验

◀ 2009 年 6 月，闽台气象专家首次联合
会商防御台风"莲花"来袭

▲ 2013年3月，省气象局与台湾大学大气科学系签署合作协议

▲ 2013 年 11 月，金门县消防局参访团到厦门商讨
厦金气象信息共享和防抗台风合作

▲ 2018 年 10 月，省气象局业务人员赴台湾参加两岸学术交流会

▲ 2019 年 8 月 7 日，福州市气象学会、福州海上救援中
心与马祖议会共同签署榕马航线气象服务协议

2012 年至 2019 年,海峡两岸民生气象论坛已连续举办 8 届。"深化气象交流,惠泽两岸民生"的鲜明主题始终不变,品牌越打越响,合作越来越广,感情越来越深。

1	2
3	4
5	6

1. 2012 年 6 月 18 日,两岸气象界联合举办的海峡两岸气象防灾减灾研讨会在厦门召开

2. 2013 年 6 月 15 日,福建省副省长陈荣凯参加海峡两岸民生气象论坛并致辞

3. 2014 年 6 月 14 日,第六届海峡论坛 · 2014 两岸民生气象论坛在厦门举办

4. 2015 年 6 月 13 日,第七届海峡论坛 · 海峡两岸民生气象论坛期间,中国气象局副局长许小峰接受媒体采访

5. 2016 年 6 月 11 日,第八届海峡论坛 · 海峡两岸民生气象论坛在厦门举办

6. 2017 年 6 月 17 日,第九届海峡论坛 · 第六届海峡两岸民生气象论坛在厦门举办

<u>1</u>
2

1. 2018 年 6 月 5 日，第十届海峡论坛·第
七届海峡两岸民生气象论坛在厦门举办

2. 2019 年 6 月 15 日，第十一届海峡论坛 ·
第八届海峡两岸民生气象论坛在厦门举办

▲ 2017 年 6 月 20 日，第一届两岸气象青年汇参加人员到省气象台参观

▲ 2018 年 6 月 6 日，第二届两岸气象青年汇参加人员到厦门"天语舟"雷达及台风科技馆参观，体验气象现代化建设成果

◀ 2018 年 8 月 8 日，首届海峡青年节生态与气候
交流会在福州举行

◀ 2019 年 8 月 5 日，第七届海青节 · 海峡气象青
年汇活动在福州展开，开启文化交流碰撞之旅

省部、地方合作

▶ **以省部合作为契机，推动福建气象事业建设高质量发展**

◀ 2012 年 5 月 11 日，福建省人民政府与中国气象局召开省部合作联席会议，共同推进气象服务海西建设

◀ 2017 年 5 月 16 日，福建省人民政府与中国气象局签署省部合作协议，共推福建"十三五"气象事业发展

◀ 2019 年 1 月 24 日，中国气象局党组书记、局长刘雅鸣（右）在京会见福建省副省长李德金（左），共商气象现代化建设事宜

◀ 2013 年 1 月 8 日，省气象局与莆田市人民政府签订共同推进莆田市城乡公共气象服务均等化合作协议

◀ 2015 年 2 月 11 日，福建省委常委、福州市委书记杨岳（左五）、福州市市长杨益民（左三）会见中国气象局局长郑国光（左四）

◀ 2019 年 7 月 1 日，省气象局与南平市人民政府签署合作协议，共同推进南平气象现代化提升工程建设

局校合作

　　福建省气象局重视高校对气象业务的科技支撑作用，先后与中国科学院大气物理研究所、南京大学、南京信息工程大学、厦门大学、福建农林大学、福建师范大学等十余所高校院所加强学术交流和科技合作。

2011 年，与福建农林大学签订局校 ▶
合作协议

2012 年 10 月，与中国科学院大气 ▶
物理研究所签署合作协议

2015 年 11 月，与南京大学大气科 ▶
学学院签署合作协议

2018 年 1 月，与厦门大学签署局 ▶
校合作协议

2018 年 7 月，与成都信息工程 ▶
大学签署战略合作框架协议

▲ 2018 年 11 月 13 日，与南京信息工程大学
签署战略合作框架协议

◀ 2019 年 6 月，与福建师范大学签署
科技合作协议

部门合作

　　与福建省海洋渔业、海峡之声广播电台、自然资源、水文水利等十多个部门签署合作协议，促进部门交流合作

◀ 2007 年 1 月，与福建省海洋与渔业局、海峡之声广播电台签署协议合办广播节目

◀ 2007 年 5 月，军地气象预报技术交流会在闽召开

1 ——— 2

1. 2011 年 7 月，签署福建军地气象信息共享协议

2. 2011 年 11 月，与福建省林业厅签署森林防火合作协议

1
—
2

1. 2012 年 3 月，与福建省国土资源厅签署地质灾害预警预报合作协议

2. 2013 年 5 月，与某部队签订合作协议

1. 2018 年 11 月，与省科学技术协会签订战略合作协议，联手打造福建特色的气象科普传播品牌

2. 2019 年 6 月，福建气象台与福建科技馆签署福建省"科学教育联盟"合作协议，"福建省科技馆分馆"在福建气象台正式挂牌

局企合作

▶ **与中国人寿、人保财险、中国铁塔等企业加强**
局企合作，拓宽气象服务领域。

◀ 2019 年 1 月，与中国人寿财产保险
股份有限公司福建省分公司签署战
略合作协议

◀ 2019 年 2 月，与中国铁塔福建分公
司签署战略协议

◀ 2019 年 7 月，与中国人民财产保险
股份有限公司福建省分公司签署战
略合作协议

气象科技创新篇

　　这是激发科技创新的 70 年。气象科研投入、科研水平和科研成果应用转化不断飞跃，海峡气象科学研究所、海峡气象开放实验室、省级气象工程技术研究中心、院士工作站等创新基地先后成立，雷达应用、智能网格预报、短临预报、延伸期预报等气象核心关键技术取得重大突破。"领航强基"等人才工程"筑巢引凤"，一系列人才新政层出不穷，高层次人才不断涌现，人才结构不断优化，人才整体增速居全国前列，为气象事业发展提供广泛的人才保证和智力支持。

▶ 福建中尺度灾害性天气预警系统建设

1994 年 3 月 30 日，新中国第一个省级中尺度灾害性天气预警系统方案论证审定会在福州召开，会议由中国气象局与福建省人民政府联合举办，标志着全国省级气象现代化建设在福建拉开序幕。

1
—
2

1. 1994 年 3 月 30 日，新中国第一个省级"中尺度灾害性天气预警系统"方案论证审定会在榕城召开

2. 1994 年 6 月 30 日，《中国气象报》刊发二级基地建设工作专版

　　福建率先在全国建成了覆盖全省的新一代多普勒天气雷达探测网和中尺度天气综合监测网，建成了以福州为中心、厦门为次中心、覆盖全省的中尺度灾害性天气预警系统和先进的信息通信网络系统，大大提高了中尺度灾害性天气的监测、预报、预警和服务能力，为福建省经济社会腾飞发展提供了强有力的气象保障。

▲ 1996 年 6 月 4 日，在福州西湖宾馆召开福建省中尺度灾害性天气预警系统领导小组会议

▲ 1997 年 9 月 4 日，在泉州召开福建省中尺度灾害性天气预警系统一期工程验收大会

70 年来，福建气象科研在广度和深度上都有很大的进展。广度上，研究内容从 20 世纪 50 年代单一的中长期天气预报研究拓展到农业气象、大气科学、应用气候、人工影响天气、应用软件开发、通信技术等研究领域。深度上，从用单一的天气图和单站资料进行研究发展到利用数值预报模式产品、卫星云图、多普勒和双偏振雷达、自动雨量站资料做中小尺度天气系统的研究以及利用统计和动力方法相结合做短期气候研究等。

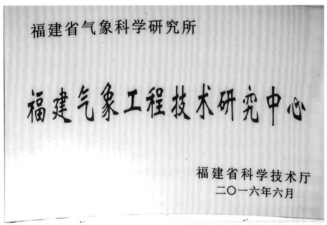

1
—
2
—
3

1. 2013 年 1 月，海峡气象科学研究所成立

2. 2016 年，省气象科学研究所被省科技厅认定为"福建气象工程技术研究中心"

3. 2016 年，建成海峡气象科技成果中试基地，加强科技成果转化

▶ 多样化的科技创新平台

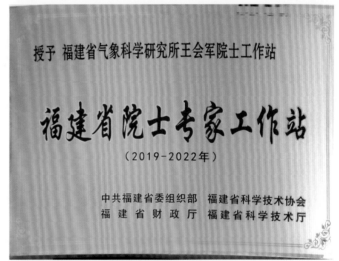

1 ——
2 ——
3

1. 2017 年 12 月，九仙山自然雷电观测试验基地正式揭牌

2. 2019 年，省委组织部、省科学技术协会、省财政厅、省科学技术厅联合授予"福建省院士专家工作站"牌匾

3. 2019 年 5 月，与上海市气象局签署"台风探测新技术应用联合实验室"共建协议

▶ 气象科技创新硕果累累

1	2
3	4

1. "雨量校准装置"获国家发明专利，并在全国推广应用

2. "风向传感器校准仪"获国家实用新型专利，并在全国 13 个省份推广应用

3. "新一代天气雷达林火回波自动监测系统"获软件著作权，属全国首创，获中国气象局 2016 年度创新工作

4. "知天气"APP 获软件著作权，获"数字福建"信息化建设精品工程

1	2
3	4
5	6

1. 1955 年中央气象局编印的《天气月刊》七月号副刊，刊登了《福建地区天气气候总结》，这是全国最早关于福建的学术论文

2. 20 世纪 80 年代中期出版《福建重要天气分析和预报》，总结了近十余年福建暴雨预报成功经验

3. 1997 年出版《人工降水》，系统地阐述了人工影响降水的基本概念、基本理论、方案设计、效果评价以及人工降水指挥系统和外场作业的技术方法

4. 1999 年首次出版《福建气候》，2012 年再版发行，集合了福建关于气候资源与灾害分析的最新业务和科研成果

5. 2002 年出版《台风》，详细阐述了台风发生发展、路径、强度、结构、大风暴雨，并给出了大量可供实际预报业务操作的科学规则

6. 2013年出版《福建省天气预报技术手册》，系统梳理了一线预报人员的实践经验

▶ "福建省台风中尺度暴雨预报研究"获 2008 年度福建省科学技术二等奖

▶ "福建省酸雨的形成机理及其控制对策研究"获 2009 年度福建省科学技术二等奖

▶ "福建南亚热带果树寒冻害监测预警及评估技术研究与应用"获 2015 年度福建省科学技术二等奖

近10年获得福建省科技进步奖项

获奖年份	成果名称	获奖级别
2009年	福建省台风中尺度暴雨预报研究	二等奖
2009年	龙岩短时灾害性天气预警系统	三等奖
2010年	福建省酸雨的形成机理及其控制对策研究	二等奖
2010年	MODIS 卫星数据在福建生态环境与灾害监测中的应用研究	三等奖
2010年	强降雨诱发地址灾害危险度等级预报预警业务服务系统	三等奖
2012年	福建电网气象信息预警系统研究与应用	二等奖
2016年	福建南亚热带果树寒冻害监测预警及评估技术研究与应用	二等奖
2016年	台湾与海峡对福建台风路径、风雨的影响机制及预报模型	三等奖
2017年	福建省风能资源详查与台风大风特性对重大工程的影响研究	三等奖
2018年	福建省特色果树气象灾害风险区划与评估技术研究	三等奖
2018年	雷电灾害监测预警及评估技术研究与应用	三等奖
2019年	福建省新一代天气雷达网气象灾害监测预测预警防御关键技术及应用	二等奖
2019年	福建暴雨和台风延伸期预报及其风险评估关键技术与应用	三等奖

连续6年承担国家自然科学基金项目

项目来源	项目名称	承担单位	负责人
2014年青年科学基金项目	东亚夏季风季节内突变的三维特征及其机理研究	福建省气象台	苏同华
2015年面上项目	西北太平洋热带气旋群发的动力机制研究	福建省气候中心	高建芸
2016年面上项目	武夷山及周边复杂地形对强降水对流系统启动、组织和发展影响的机理研究	厦门市气象局	赵玉春
2017年青年科学基金	台湾海峡西岸海风锋的客观识别及对强对流触发机理研究	厦门市气象局	陈德花
2018年青年科学基金	热带气旋不同强度变化下云特性及辐射效应的卫星检测	厦门市气象局	吕巧谊
2019年青年科学基金	海峡西岸前汛期暖区 MCSs 形成前的对流云发展特征研究	厦门市气象局	黄亦鹏

人才培养

　　福建省气象局始终坚持党管人才工作方针,以人为本,创新人才工作机制,大力实施"领航强基"等人才工程"筑巢引凤",围绕高层次人才、团队建设、县级综合气象业务技术带头人等重点领域,出台一系列人才新政,不断优化人才结构,人才整体增速居全国前列。

　　人才培养成果丰硕。1950 年以来,全省共有 191 人次获省部级及以上表彰。其中,陈家金获国家荣誉表彰。2007—2019 年,全省共有 47 人获评全国优秀值班预报员。

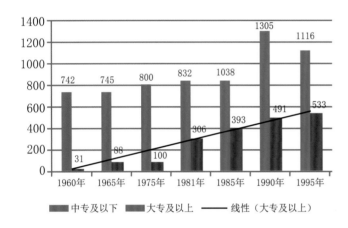

◀ 1960— 1995 年全省人才以中专及以下层次为主,大专以上人员逐步增加

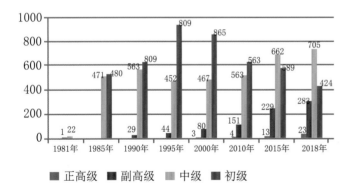

◀ 20 世纪 80 年代初期,气象部门开展职称评定工作,2010 年前初级职称比例最高,之后中级以上比例逐渐增加,2015 年中级职称比例超过初级职称,同时高级职称比例也迅速增加

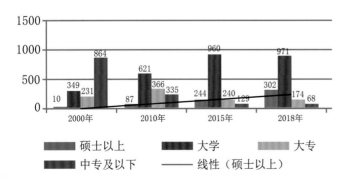

◀ 2000 年以后全省人才大学以上比例迅速增加,至 2010 年大学以上比例占 50% 左右,2015 年后硕士以上比例超过大专

享受政府特殊津贴专家

序号	姓名	申报时所在处级单位名称
1	曾光平	福建省气象科学研究所
2	叶榕生	福建省气象局机关
3	陈瑞闪	福建省气象台
4	汪国瑗	福建省气象局机关
5	骆荣宗	福建省气象台
6	魏应植	厦门市气象局
7	陈遵箫	福建省气象科学研究所
8	李 文	福建省气象科学研究所
9	刘爱鸣	福建省气象台
10	陈家金	福建省气象服务中心

福建省气象局历年创新团队组建情况

序号	创新团队名称	委托单位	带头人	首次组建时间
1	数值预报产品解释与应用技术研究创新团队	福建省气象台	潘宁	2011年
2	持续性天气事件延伸期预报方法研究创新团队	福建省气候中心	高建芸	2011年
3	气象资料应用与信息技术开发创新团队	福建省气象信息中心	杨晖	2014年
4	人工影响天气科技创新团队	福建省气象科学研究所	林长城	2014年
5	福建省特色果树的关键气象保障技术创新团队	福建省气象科学研究所	陈惠/陈家金	2014年组建 2017年完成任务
6	智慧农业气象服务创新团队	福建省气象服务中心	陈家金	2017年
7	强降水机理与预报技术研究创新团队	厦门市气象局	赵玉春	2017年
8	短临强天气预警技术研究创新团队	龙岩市气象局	冯晋勤/张深寿	2017年
9	城市气候效应适应性研究创新团队	福建省气候中心	吴滨	2018年
10	卫星遥感监测气象灾害与生态环境创新团队	福建省气象科学研究所	张春桂/张兴赢	2018年
11	观测预报协同应用创新团队	福建省气象台	刘德强/鲍艳松	2018年

▲ 1980 年，武平县气象局老测报员指导
年轻测报员开展地面观测工作，"传、帮、
带"是 20 世纪 80 年代的主要学习方式

▲ 2003 年，援藏干部张天佑赴藏工作

▲ 2012 年开展全省防雷业务技能竞赛

▲ 2012 年开展全省气象测报技能竞赛

▲ 2012 年 11 月，中国科学院院士吴国雄到厦门市气象局做学术报告

▲ 省气象台首席预报员向年轻预报员传授经验

▲ 2014 年 11 月，开展人工影响天气技能竞赛

▲ 2015 年 3 月 30，美国 NOAA 专家朱跃健
教授为数值预报和集合预报的推广与应用高
级培训班学员授课

1
—
2
—
3

1. 2015 年 10 月，开展全省气象部门县局局长综合业务培训

2. 2017 年 9 月，开展新进职员入职培训

3. 2017 年 6 月，上海中心气象台首席预报员为灾害性天气预报预警技术交流培训班学员授课

$$\frac{1}{\frac{2}{3}}$$

1. 2018 年 6 月，第一期综合观测竞赛集训学员在省综合气象观测实训基地参加实操考试

2. 2019 年 7 月，成立武夷山国家气候观象台（武夷山国家公园气象台）科技指导委员会

3. 省综合气象观测实训基地

▶ 科技扶贫

20世纪90年代以来，全省气象部门共派出驻村干部14人。

```
1 | 2
---
  3
```

1. 2013年11月26日，龙岩市漳平市委向福建省气象
   局赠送锦旗

2. 2016年4月，驻村干部开展防汛防涝工作

3. 2018年9月3日，福建省气象局在宁德市古田县吉
   巷乡昆边村和杉洋镇坂斗村考察调研慰问

▶ 援疆援藏技术支持

2011 年以来，省气象局加强对口援疆援藏工作，成立了对口援助协调小组，开展业务科技交流，共派出 7 名援疆干部、1 名援藏干部，提升人才综合素质。

1
———
2

1. 2014 年 11 月 10 日，福建省气象局与新疆昌吉州气象局在福州签订对口援疆协议

2. 2016 年 7 月 29 日，福建省气象局赴西藏自治区气象局共商对口支援工作

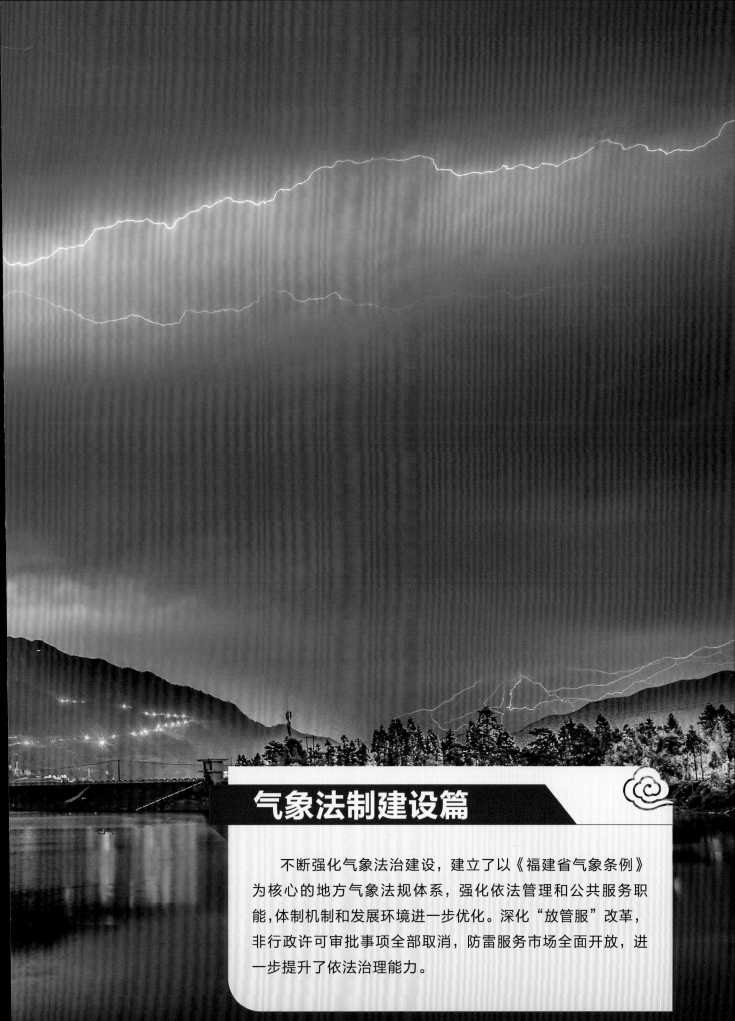

气象法制建设篇

　　不断强化气象法治建设，建立了以《福建省气象条例》为核心的地方气象法规体系，强化依法管理和公共服务职能，体制机制和发展环境进一步优化。深化"放管服"改革，非行政许可审批事项全部取消，防雷服务市场全面开放，进一步提升了依法治理能力。

气象法律法规制定与宣传

▶《福建省气象条例》的诞生

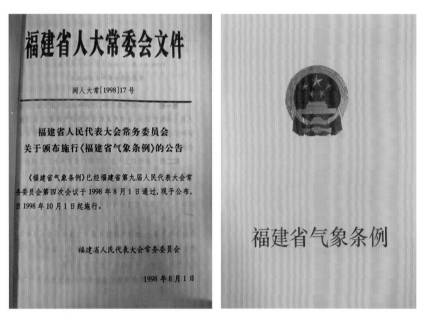

▲ 1998 年 8 月 1 日福建省第九届人大常委会第四次会议通过《福建省气象条例》

▲ 1998 年 8 月 21 日，福建省人大召开《福建省气象条例》新闻发布会

1996年	省人大和省政府将制定《福建省气象条例》列入地方立法计划
1997年3月	省气象局成立起草工作领导组，正式启动《福建省气象条例》立法工作
1998年2月	正式向省政府报送《福建省气象条例》（送审稿）
1998年3月20日	省政府法制局组织召开《福建省气象条例》协调论证会，省人大常委会农经委、省劳动厅、公安厅、计委等13个单位参加了会议
1998年5月12日	时任福建省省长贺国强主持召开省政府第4次常务会议，审议通过了《福建省气象条例》（草案）
1998年8月1日	省九届人民代表大会常务委员会第四次会议审议通过《福建省气象条例》，于当年10月1日起施行
1998年8月9日	《福建日报》全文刊登《福建省气象条例》
2009年5月23日	省十一届人民代表大会常务委员会第9次会议修订，于当年8月1日起施行

▲ 1998 年 9 月 2-4 日，福建省气象局召开贯彻实施《福建省气象条例》会议

▶ 坚持法治观念，建立健全地方气象法规体系，引领、推动、保障气象事业发展

先后出台《福建省气象条例》《福建省气象灾害防御办法》《福建省气象设施和气象探测环境保护办法》和《福州市气象探测环境和设施保护规定》《厦门经济特区气象灾害防御条例》等地方气象法规、政府规章。

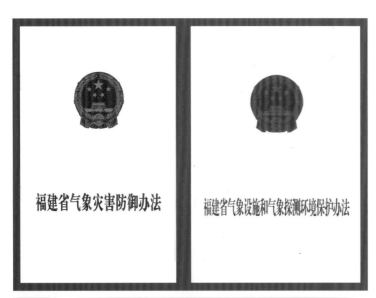

1 | 2

3

4

1. 2013 年 10 月 16 日，经省人民政府第 11 次常务会议通过，自 2014 年 1 月 1 日起施行

2. 2016 年 4 月 18 日，经省人民政府第 58 次常务会议通过，自 2016 年 7 月 1 日起施行

3. 2010 年 4 月 27 日，省人大农业农村工委和省气象局联合调研检查组在晋江听取泉州市政府贯彻实施气象法律法规情况汇报

4. 2014 年 7 月 30 日，福州市人大赴长乐市开展气象探测环境保护执法检查

组织学习宣传贯彻实施《宪法》《气象法》等，维护法律权威。

▲ 1999 年 12 月 15 日，省气象局召开宣传贯彻《气象法》座谈会

▲ 省气象局参加在线访谈开展法治宣传

▶ 落实"谁执法谁普法"责任制，全省各级气象部门利用世界气象日、防灾减灾日、法制宣传日等契机，多种方式开展法治宣传

$$\frac{1}{\frac{2}{3}}$$

1. 2003 年 12 月 12 日，南平市气象局工作人员向市民普及气象法规知识

2. 2013 年 4 月 19 日，宁德市气象局举办气球施放人员资格培训

3. 2018 年 3 月 10 日，安溪县气象局与安监局联合召开危险化学品安全生产工作会议

1
——
2

1. 2018 年 5 月，龙岩市气象部门通过
   民间秧歌队等方式开展气象防灾减灾
   和安全法治宣传

2. 2018 年 3 月 22 日，漳州市气象局
   围绕"气球安全管理"与广大网友在
   线交流

$$\frac{1}{}$$
$$\frac{2}{3}$$

1. 1998 年 11 月，省气象局举行首批气象行政执法证颁发仪式

2. 2003 年，各市气象局加强第一代基层行政执法队伍建设

3. 2017 年 5 月，福州市气象局对红山油库进行防雷执法检查

1
—
2
—
3

1. 2017 年 7 月，莆田市气象执法人员联合城建监察大队开展气球执法

2. 2018 年 6 月 5 日，三明市气象局开展油库防雷安全专项检查

3. 2019 年 7 月，泉州市气象局工作人员到泉港区重点危化企业——福建联合石油化工有限公司开展防雷安全隐患排查工作

党的建设篇

　　70 年来，福建气象部门始终坚持党对气象事业的全面领导，以政治建设为统领，全面加强党的建设，有力推进党建与业务融合发展，充分发挥各级党组织战斗堡垒作用和党员先锋模范作用，在拼搏、创新、奉献中践行初心和使命，为气象事业高质量发展提供坚强保证。

　　以政治建设为统领，全面推进党的建设，纵深推进全面从严治党，增强"四个意识"，坚定"四个自信"，做到"两个维护"。

▶ 加强组织建设，大力培育党建品牌

1233 八闽气象先锋

聚焦"一个目标"
紧扣"两条主线"
坚持"三级联创"
突出"三个重点"

一个目标	高质量发展超越建设气象强省。
两条主线	一手抓党建，一手抓业务，党建和业务深度融合发展。
三级联创	通过省、市、县三级联创共建，为全方位推动高质量发展超越、加快新时代新福建建设提供有力保障。
三个重点	坚持人民至上、生命至上，守好气象防灾减灾第一道防线；坚持服务国家和地方重大战略，保障生命安全、生产发展、生活富裕和生态良好；坚持监测精密、预报精准、服务精细，全面提升气象现代化水平。

▶ 强化监督执纪问责，营造风清气正的政治生态

▶ 党建带动文明创建

　　全省气象系统连续五届被省委省政府授予"文明行业创建工作先进行业"称号，所有单位均为"文明单位"，其中全国"文明单位"7个，省级"文明单位"16个。

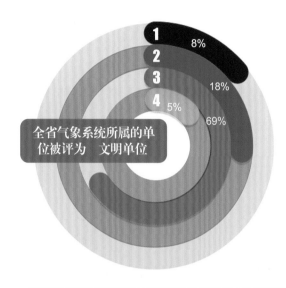

全省气象系统所属的单位被评为 文明单位

- 1 8%
- 2 18%
- 3 69%
- 4 5%

全国级 全国文明单位 7 个

省级 省级文明单位 16 个

市级 市级文明单位 61 个

县级 县级文明单位 4 个

▲　结合行业特点，精心设计图说社会主义核心价值观的公益广告 12 幅

▶ 传承气象精神

一代又一代的气象人传承和发扬了艰苦奋斗的创业精神。

五十年代气象人

六十年代气象人

七十年代气象人

气象人坚持不懈地弘扬"敢为天下先"的改革精神和攻坚克难的创新精神。

八十年代气象人

九十年代气象人

▶ 文明和谐的气象人

▶ 奋勇拼搏的气象人

▶ **热心公益的气象人**

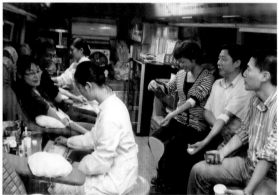

▶ 荣誉表彰

在省气象局党组坚强有力的领导下,各项工作均取得了丰硕的成果。

走进福建

　　福建，简称"闽"，位于中国东南沿海，东北与浙江省毗邻，西面、西北与江西省接界，西南与广东省相连，东面隔台湾海峡与台湾省相望。福建省现辖福州、厦门、漳州、泉州、三明、莆田、南平、龙岩、宁德9个设区市和平潭综合实验区。省会为福州。

　　福建全省陆域面积12.14万平方千米，海域面积13.63万平方千米。福建的地理特点是"依山傍海"，九成陆地面积为山地丘陵地带，被称为"八山一水一分田"。福建的森林覆盖率达66.8%，居全国第一。福建的海岸线长度居全国第二位，海岸曲折，共有岛屿1500多个。

　　福建的民族组成比较单一，汉族占总人口的 97.84%，畲族为最主要的少数民族，占总人口的 1%，还有少量回族、满族等，其他民族人口多为近现代迁居而来，比重极小。福建汉族内部语言文化高度多元，分化成多个族群。

福建水系密布，河流众多，地跨闽江、晋江、九龙江、汀江四大水系，属典型的亚热带海洋性季风气候。雨量充沛，光照充足，年平均气温 17~21℃，平均降雨量 1400~2000 毫米，是中国雨量最丰富的省份之一，气候条件优越，适宜人类聚居以及多种作物生长。

福建由海路可以到达南亚、西亚、东非，是历史上海上丝绸之路、郑和下西洋的起点，也是海上商贸集散地。和中国其他地方不同，福建沿海的文明是海洋文明，而内地客家地区是农业文明。

　　福建依山傍海的特点，造就了福建丰富的旅游资源，除了海坛岛、鼓浪屿、武夷山、泰宁、清源山、白水洋、太姥山等自然风光外，还有土楼、安平桥、三坊七巷等人文景观。闽在山中，郁郁山林下藏着令世界震惊的壮观建筑和多样生物；闽在海中，蓝色海洋边有着秀甲天下的奇特地貌和最具海洋精神的中国人。